QUANDO VIER O SILÊNCIO

CHARLES TROCATE & TÁDZIO COELHO

QUANDO VIER O SILÊNCIO

O PROBLEMA MINERAL BRASILEIRO

expressão POPULAR

Quando vier o silêncio – o problema mineral brasileiro
[cc] Fundação Rosa Luxemburgo, 2020

Dados Internacionais de Catalogação na Publicação (CIP)

        Trocate, Charles
T759q   Quando vier o silêncio : o problema mineral brasileiro /
        Charles Trocarte e Tádzio Coelho. --1.ed. —São Paulo :
        Fundação Rosa Luxemburgo, Expressão Popular, 2020.
        146 p.—(Emergência).

        Indexado em GeoDados - http://www.geodados.uem.br
        ISBN 978-85-6830-217-0 – Fundação Rosa Luxemburgo
        ISBN 978-85-7743-382-7 – Expressão Popular

        1. Mineração - Brasil. I. Coelho, Tádzio. II. Título.
        III. Série.

CDU 622(81)

Catalogação na Publicação: Eliane M. S. Jovanovich CRB 9/1250

"Esta publicação foi realizada pela Fundação Rosa Luxemburgo com fundos do Ministério Federal para a Cooperação Econômica e de Desenvolvimento da Alemanha (BMZ)".

"Somente alguns direitos reservados. Esta obra possui a licença Creative Commons de 'Atribuição + Uso não comercial + Não a obras derivadas' (BY-NC-ND)"

EDITORA EXPRESSÃO POPULAR
Rua Abolição, 201 – Bela Vista
CEP 01319-010 – São Paulo – SP
Tel: (11) 3112-0941 / 3105-9500
livraria@expressaopopular.com.br
www.expressaopopular.com.br
ed.expressaopopular
editoraexpressaopopular

FUNDAÇÃO ROSA LUXEMBURGO
Rua Ferreira de Araújo, 36
05428-000 São Paulo SP – Brasil
Tel. (11) 3796-9901
info.saoPaulo@rosalux.org
www.rosalux.org.br/
@RosaluxSaoPauloBuenosAires

SUMÁRIO

Apresentação 9
A treva mais estrita 19
Um mundo caduco 27
A máquina do mundo 43
A montanha pulverizada 55
Uma pedra no caminho 77
Um segundo dilúvio 95
Uma flor nasceu na rua 109
Por uma mineração alternativa
e alternativas à mineração 123
Notas 127
Para saber mais 129
Referências 135
Sobre os autores 143

COLEÇÃO EMERGÊNCIAS

Debates urgentes, fundamentais para a compreensão dos problemas brasileiros, com enfoques quase sempre invisibilizados. Essa é a proposta da Coleção Emergências, uma iniciativa da Fundação Rosa Luxemburgo e da Editora Expressão Popular. Há um volume gigantesco de dados e notícias em circulação que nos traz uma falsa ideia de acesso aos temas que pautam a vida política do país. Mas boa parte deste conteúdo é produzido e veiculado pelos donos do poder econômico, que elegem o que deve ser visto e informado de acordo com seus interesses. Por isso, é essencial ampliarmos as maneiras de enfrentar esse ponto de vista único e pautar, com profundidade, temas de relevância para o povo brasileiro.

Nossa Coleção se propõe a discutir questões cruciais para o Brasil a partir de perspectivas pouco divulgadas nos meios de comunicação comerciais. Cada obra não pretende ser a última palavra sobre o tema, mas o ponto de partida para estimular debates e novas leituras. Só entendendo nossa realidade iremos transformá-la. Daí Emergências. Emergências porque é preciso refletir sobre o mundo que vivemos. Já não temos condições de ignorar a gravidade das crises econômica, social, ambiental, política. Emergências porque já não se pode mais insistir em velhas respostas. Emergências porque não podemos mais esperar.

APRESENTAÇÃO

OS ROMPIMENTOS DE BARRAGENS DE REJEITOS DE MINERAÇÃO, EM Minas Gerais, chamaram a atenção de um grande público que até então pouco ou nada conhecia a respeito da situação da mineração no Brasil. A Fundação Rosa Luxemburgo, a Editora Expressão Popular e os autores publicam este livro, através da **Coleção Emergências,** voltado para aqueles que têm interesse em conhecer melhor o tema da mineração e os problemas gerados pela forma através da qual é disposta a atividade no país. Com o objetivo de chegar a esse público mais amplo e ajudá-lo enquanto guia introdutório no debate da mineração, o livro foi escrito tentando evitar a linguagem acadêmica e os termos próprios do setor de mineração, mesmo que nem sempre tenha sido possível. As citações bibliográficas foram utilizadas apenas quando eram indispensáveis, para deixar o texto fluir e sem interrupções na leitura. Elas foram organizadas na seção de notas e referências ao final do livro. Além disso, o livro fortuitamente conversa com grandes autores da literatura brasileira e latino-americana, refletindo sobre o que representa a atividade mineradora para o futuro de um país que parece ser guiado pela experiência de tragédia permanente.

A introdução, *A treva mais estrita*, indaga a razão de a mineração ser um problema no Brasil. A atividade é uma das bases produtivas da humanidade, mas por que no Brasil as mineradoras, principalmente as grandes, têm causado tantos problemas? A partir daí começamos a investigar a forma e o conteúdo da mineração no país e suas conexões globais.

Um mundo caduco, o primeiro capítulo, debate o consumo de luxo, o consumo de massas e a durabilidade programada de produtos que aumentam as escalas de extração dos recursos naturais. Apesar das escalas crescentes de extração, produção e consumo, mantém-se a desigualdade no usufruto dos bens naturais, sejam eles transformados em mercadorias ou *in natura*. As desigualdades estruturam o mercado global das mercadorias, assim como os efeitos prejudiciais dessa produção são direcionados para os mais pobres.

É em *A máquina do mundo*, o capítulo seguinte, em que iniciamos a análise especificamente do mercado global de minerais e seus efeitos e influências sobre as regiões de mineração. As transformações no mercado financeiro, as altas e baixas nos preços, a especulação e os intermediários financeiros dão a tônica do capítulo.

O terceiro capítulo, *A montanha pulverizada*, debate o recente *boom* dos preços dos minerais e a consequente expansão territorial da atividade no Brasil. Um dos efeitos dessa expansão foi o espraiamento de conflitos dos mais variados matizes, espécie de reação estrutural.

Em *Uma pedra no caminho*, delimitamos o debate ao surgimento, desenvolvimento e atualidade da maior mineradora criada no país, a Vale S.A. A colossal empresa começou suas atividades sustentada pelos braços de seus trabalhadores, os *Leões da Vale*, e hoje amedronta e domina prefeituras, governos estaduais, órgãos ambientais, afronta movimentos populares e define os rumos de boa parte dos territórios do Brasil e de outros países. É por ser uma imensa pedra no caminho que destacamos um capítulo especificamente para debatê-la.

O quinto dos capítulos aborda os rompimentos de barragens de rejeitos. A partir do rompimento da barragem de Fundão, em Mariana (MG), muitos estudos começaram a ser desenvolvidos inquirindo as causas do rompimento. Mesmo que os rompimentos de barragens, em Minas Gerais, tenham começado em série desde 2001, em São Sebastião das Águas Claras, em barragem de propriedade da Mineração Rio Verde, foi com a Samarco que a comunidade científica em geral percebeu a dimensão do problema que se colocava, mesmo que diversos pesquisadores já estudassem o tema e ressaltassem os riscos gerados pelas barragens de mineração.

Entretanto, buscando novas formas de se pensar, construir e propor o programa popular na mineração, o capítulo 6, *Uma flor nasceu na rua*, na contramão da tragédia permanente, traz propostas para um novo modelo de mineração, algumas mais e outras menos elaboradas.

Na última parte, destacamos e comentamos livros essenciais para o aprofundamento da discussão da mineração. Apenas com a atenção contínua da população será possível reverter o quadro trágico da mineração no país e construir novas formas de organizar a atividade. Esperamos que este livro seja uma porta de entrada.

> (...) abre um portulano ante meus olhos
> que a teu profundo mar conduza, Minas,
> Minas além do som, Minas Gerais.

O SOBREVIVENTE
CARLOS DRUMMOND DE ANDRADE

Impossível compor um poema a essa altura
[da evolução da humanidade.
Impossível escrever um poema – uma linha que seja –
[de verdadeira poesia.
O último trovador morreu em 1914.
Tinha um nome de que ninguém se lembra mais.

Há máquinas terrivelmente complicadas para as
[necessidades mais simples.
Se quer fumar um charuto aperte um botão.
Paletós abotoam-se por eletricidade.
Amor se faz pelo sem-fio.
Não precisa estômago para digestão.

Um sábio declarou a O Jornal que ainda falta
muito para atingirmos um nível razoável de
cultura. Mas até lá, felizmente, estarei morto.

Os homens não melhoram
e matam-se como percevejos.
Os percevejos heróicos renascem.
Inabitável, o mundo é cada vez mais habitado.
E se os olhos reaprendessem a chorar seria um
[segundo dilúvio.

(Desconfio que escrevi um poema.)
(Andrade, 1987, p. 26)

A TREVA MAIS ESTRITA

ALGUMAS VEZES O MUNDO SE ASSOMBROU. NO DIA 10 DE novembro de 1886, um imenso estrondo fez tremer Nova Lima e arredores, em Minas Gerais, como um terremoto anunciando o desmoronamento na Mina de Morro Velho. O sistema de escoramento feito de madeira cedeu, o que fez com que milhares de toneladas de minério desabassem soterrando centenas de trabalhadores ao longo dos 570 metros de profundidade da mina e bloqueando a sua entrada (Grossi, 1981). A atual capital de Minas Gerais, Belo Horizonte, ainda não havia sido construída e os rumos da mineração do estado estavam concentrados na presença da empresa inglesa *Saint John Del Rey Mining Company*, sediada em Nova Lima e proprietária da Mina de Morro Velho. Em seu apogeu, a abismal mina seria a mais profunda do mundo em meados do século XX (Grossi, 1981); chegou a representar, sozinha, quase 2% das exportações brasileiras, em 1866, além de contar com mais de 2.500 trabalhadores em seus túneis, entre pessoas negras escravizadas e trabalhadores livres.

Após o desabamento, a extração mineral ficou permanentemente impossibilitada nesse local e foi preciso iniciar uma nova escavação que só seria finalizada em 1890. A *Saint John Del Rey* não divulgou o número de mortos e os jornais da época não chegaram a um consenso sobre isso (Libby, 1985). É provável que tenham sido centenas de pessoas, já que na última estatística disponível antes do desastre, em 1884, havia 1.154 trabalhadores ocupados na mina (entre escravizados, trabalhadores livres e ingleses), que se dividiam em três turnos. Ainda hoje não se sabe o número exato de mortes nessa que foi uma das primeiras tragédias da mineração documentadas no Brasil.

Antes, a mina já havia sido palco de dois grandes acidentes. Em 1857, o madeirame de sustentação desabou resultando na destruição de parte dela. Já em 1867, ocorreu um incêndio nas vigas de escoramento que vitimou 21 negros escravizados e um mineiro inglês (Libby, 1985). Após o incêndio, a imprensa local temia os efeitos da paralisação da mina sobre a economia local (Milanez *et al.*, 2019). Dentre as preocupações expostas no jornal *O Constitucional* estavam a preservação dos postos de trabalho, a situação dos comerciantes (fabricantes de ferro, tropeiros, carreiros e a companhia União e Indústria), que vendiam seus produtos à empresa, e a arrecadação decorrente das atividades da Morro Velho (Libby, 1985). Como podemos perceber, questões idênticas às que ressurgiram em 2015, no rompimento da barragem de Fundão, em Mariana, e em 2019, após rompimento da Barragem I, no Córrego do Feijão, em Brumadinho, e com a paralisação de diversas minas em outros municípios devido à instabilidade de barragens de mineração. Afinal, o que nos leva a repetir os mesmos erros quando se trata da mineração? O que a antiga Morro Velho tem em comum com a mina do Córrego do Feijão?

É com a intenção de colaborar para o debate da mineração no Brasil que escrevemos este livro. O objetivo é, por meio de linguagem fluida e acessível, sintetizar discussões do campo científico trazendo-as para o debate público abrindo as formas intrincadas de linguagem típicas das disciplinas científicas. Este livro pretende ser também uma porta aberta para a entrada de recém-interessados no tema da mineração, sob uma perspectiva crítica e que dialogue com as organizações populares. Trata-se, portanto, de um ensaio conjuntural voltado à militância já existente e àquela que virá. De forma sincera e direta, pretendemos chegar a setores que não estão afastados do tema, mas que necessitam de um guia para o debate.

A questão central deste ensaio é compreender qual o problema da mineração no Brasil. Ou melhor, o que faz com que a mineração no Brasil se constitua enquanto problema para grande parte da população? Quais são as contradições, condições e potencialidades que envolvem essa atividade no país?

"O problema vai ser quando vier o silêncio", disse Cleiton Cândido da Silva, morador da comunidade do Córrego do Feijão, dias após o rompimento da Barragem I, quando ainda sucediam as tentativas de resgate feitas por helicópteros (Weimann, 2019). Cleiton perdeu vários amigos de infância para a terrível onda de lama/rejeito:

> Eu fico imaginando depois que acabar tudo, o barulho, e vier o silêncio [...] Porque agora tem movimento. Movimenta daqui, movimento dali. Mas na hora que o silêncio vier, aí que vai ser duro. Na hora que se der conta dos estragos que fizeram por aí. Todo lado que

> você andar pela região, você vai ver marca de alguma
> coisa. Toda hora você vai estar lembrando. O problema
> vai ser quando vier o silêncio.

Quando fossem embora os helicópteros, jornalistas, médicos e enfermeiros, quando não houvesse mais subterfúgio que inebriasse a dor, e a sociedade brasileira descuidasse do acontecido, restariam as cicatrizes na terra e as ausências, lacunas da vivência humana. Nos minutos que parecem horas, de casa vazia, no povoado silenciado, quando emergem as memórias, como suportar a tristeza? Quando a "máquina do mundo", alheia às nossas baças pessoas e vontades, voltar a girar gestando no interior do modelo mineral brasileiro a próxima tragédia, o que fazer?

Este ensaio, ao mesmo tempo que é um guia para o debate na mineração, é guiado pelo pensamento poético de Carlos Drummond de Andrade. A poesia do itabirano dá o sul sentimental deste ensaio. Drummond disse que a treva mais estrita já pousara sobre a estrada de Minas. Resta uma sensação de ressentimento, o sono rancoroso dos minérios despertados de seu sono de milênios geológicos. Vão os minérios, o rancor fica. E no fundo da serra, a sirene não tocou.

A geração sistemática de crimes na atividade mineradora não é ocasional, mas uma continuidade funesta criada pela forma através da qual a atividade mineradora é organizada no país. Já passados meses do rompimento, o silêncio mais terrível se fixou no Córrego do Feijão. É para ajudar a interrompê-lo e a interromper a máquina devoradora que escrevemos este ensaio/estudo.

Até atingir nosso propósito, teremos uma barragem nos olhos.

UM MUNDO CADUCO
DESIGUALDADES, CONSUMO E BENS NATURAIS

A DECREPITUDE DESSE MUNDO, "UM MUNDO CADUCO", É CAUSADA essencialmente pela capacidade de gerar e distender desigualdades por meio da financeirização da economia e concentração das riquezas. Em uma breve e recente história do capitalismo, dos anos 1980 em diante, o processo de desregulamentação e diversificação das operações financeiras diminuiu a regulação sobre as transações nos mercados financeiros, e os tornou mais rentáveis do que a economia produtiva. Esta desregulamentação e a criação de novas formas de especular nos mercados financeiros levaram volumes crescentes de capitais a se instalar nesses mercados, preterindo investimentos na economia produtora de mercadorias, justamente aquela que gera postos de trabalho e arrecadação de tributos. Ficou para trás os "trinta anos de ouro" do capitalismo (1945-1975), quando os países capitalistas centrais responderam à ameaça socialista com concessões aos trabalhadores em geral, criando o Estado de Bem-Estar Social. O processo atual aprofunda desigualdades, inclusive no consumo e usufruto de bens naturais. O topo da riqueza global concentra riquezas em escalas jamais vistas pela humanidade.

Para este capítulo nos ajudou muito o livro de Ladislau Dowbor, *A era do capital improdutivo*, no qual o economista reflete sobre as crises ambiental e econômica pelas quais passa a sociedade, incluindo um levantamento apurado de dados da situação socioeconômica global. A desigualdade não se restringe aos países pobres ou aos países pobres comparados aos ricos, mas se aplica também à situação interna dos países mais ricos. A renda média da metade mais pobre da população estadunidense estagnou entre 1980 e 2014, enquanto cresceu 121% para os 10% mais ricos, 205% para o 1% mais rico e 636% no 0,001% do topo (Piketty *et al.*, 2016, p. 24). Outro dado interessante é que 0,7% da população mundial detém 45,6% da riqueza global, e 73,2% da população possui apenas 2,4%. Pesquisa da Oxfam (2017) estimou que em 2015 oito indivíduos possuíam a mesma riqueza da metade mais pobre da população mundial. Como Ladislau Dowbor destaca, o topo da pirâmide é composto por proprietários de ativos financeiros e intermediários do mercado de *commodities*. Geograficamente, o topo da pirâmide está localizado quase exclusivamente na América do Norte, Europa e países ricos do Pacífico Asiático (Davies, 2008). Ainda deve-se sopesar que parte considerável das grandes fortunas está em paraísos fiscais, estima-se que de US\$ 21 trilhões a US\$ 30 trilhões estejam nestes locais (Dowbor, 2017, p. 34). O crescimento do setor financeiro está bem exemplificado em dado levantado pela revista *The Economist* (2009) de que, nos EUA, a participação dos serviços financeiros nos lucros corporativos passou de 10% no início dos anos 1980 para 40%, em 2007. Relatório da ONU (2017) é taxativo a respeito da acumulação de recursos pelo setor financeiro: "o investimento produtivo regrediu nos últimos anos, com grande parte da dívida acumulada canalizada para o setor financeiro e ativos imobiliários, aumentando o risco de bolhas de ativos, em vez de estimular a produtividade em geral". A oligopolização do setor intermediário de comercialização de *commodities*, ou seja, o domínio por poucas empresas do trajeto feito pelas mercadorias desde seu produtor até o consumidor, é uma realidade na rede global de minérios. A maior parte do custo das mercadorias que chega ao consumidor final fica na intermediação, o que é mais trágico para os países exportadores de *commodities*. No caso da intermediação das *commodities* minerais, destacamos dois grupos: a *Glencore* e a *BlackRock*. A *Glencore* trabalha com a intermediação de minerais, energia e produtos agrícolas, e seu faturamento, em 2012, foi de 150 bilhões de dólares. A *BlackRock* é uma gigante do setor, gerindo em torno de 7% dos US$ 225 trilhões em ativos financeiros globais. Por formarem um oligopólio desse mercado, esses gigantes são capazes de influenciar os preços das *commodities*, o que significa que o preço não é mera função da demanda e da oferta, mas passa pelo interesse desses grupos de investimento.

Considerando os dados expostos, fica evidente que uma pequena parte da população mundial condiciona esse sistema de expropriação e apropriação de bens naturais, que muito destrói e beneficia poucos. Tendo em vista que 26,7% da população mundial possuem 97,6% da riqueza, em torno de 73% da humanidade está partilhando as migalhas restantes da economia, e as desigualdades no consumo são resultado dessa assimetria.

A concentração de riquezas em escala global é também uma concentração no usufruto dos bens naturais, ou seja, estes são utilizados por uma pequena parcela da população mundial, e a atividade mineradora é essencial para essa apropriação desigual por ser uma das bases produtivas da sociedade, é o início de qualquer cadeia global produtiva. O ferro transformado em aço é a estrutura básica das cidades; o cobre, principal condutor elétrico do sistema de energia elétrica; as ligas leves feitas de alumínio ou de níquel abastecem as mais diversas indústrias, como a aérea e a bélica; as reservas de valor dos bancos centrais são compostas por ouro; o chumbo dos encanamentos; as ligas de solda feitas de estanho, e assim por diante.

Apesar da obviedade de que a mineração é uma das principais bases produtivas de qualquer sociedade, não são tão evidentes as formas de organização da sociedade e os efeitos das diferentes escalas de consumo. Toda atividade produtiva tem a finalidade de atender a uma demanda, seja ela por bens ou serviços. Não é diferente com a mineração, pautada pelo consumo global que se encontra cada vez mais concentrado e determinado pelo curto prazo dos lucros e pela lógica dos mercados financeiros. A ampliação e a concentração do consumo supérfluo pressionam de maneira decisiva as regiões de mineração a extraírem escalas crescentes de recursos para abastecer esse mundo que cada vez mais caduca.

O sociólogo alemão Elmar Altvater percebeu diferentes contradições na relação entre homem e natureza. Segundo ele, a riqueza com seu alto padrão de consumo é um dos principais responsáveis pela pressão exercida sobre os recursos naturais. Os pobres também exercem pressão sobre a natureza dado que muitas vezes suas condições de sobrevivência passam pela destruição do meio ambiente. Assim, a pobreza também pode ser destrutiva. Porém, para Altvater, a desigualdade no acesso aos recursos é a principal causa da devastação ecológica (Seabra *et al.*, 2012, p. 321). A crescente produtividade e capitalização da mineração de larga escala, acompanhada pela diminuição dos postos de trabalho, transformou a atividade tornando-a intensiva em conteúdo tecnológico. Na segunda metade do século XX, as principais empresas do setor de mineração diminuíram a utilização do fator humano para a intervenção na natureza, dando lugar a elaborados bens de capital. O que não significa dizer que tenham deixado a exploração da mão de obra, mas que o trabalhador perdeu espaço para a automação e mecanização da extração. Esse processo foi acelerado a partir de 1950 pela utilização de mineradores contínuos (equipamento que fragmenta e carrega minério mantendo fluxo contínuo), possibilitando o aumento do ritmo de extração. Equipamentos de grande porte, furos de grande diâmetro, monitoramento *online* e utilização de GPS se tornaram mais frequentes nas lavras. Os sistemas de transporte se tornaram mais complexos e ágeis.

A respeito do trabalho na megamineração a céu aberto, vale ressaltar que, de maneira geral, trata-

-se de um setor que pouco emprega trabalhadores em seus processos extrativos/produtivos, sendo caracterizado como capital-intensivo. Uma atividade econômica intensiva em capital é aquela em que a mesma quantia em investimentos gera menos postos de trabalho quando comparado com outras atividades. A Austrália é um dos países mais importantes em termos de produção mineral, porém apresentava, em 2011, apenas cerca de 2% do total de seus empregos na mineração e o Brasil em torno de 0,2% (Wiod, 2013). Mesmo se tratando de uma atividade intensiva em capital, os postos de trabalho criados pelo setor são de grande relevância para municípios e regiões. Estas transformações marcaram, no último quartel do século XX, a passagem do que Eduardo Gudynas classificou como extrativismos de segunda e terceira geração. Os avanços tecnológicos nos instrumentos e máquinas de intervenção na natureza possibilitam gigantescas escalas de extração mineral. A mineração de larga escala em seu estágio atual, capital intensivo, concentra ainda mais a renda que em períodos anteriores. A queda no número de postos de trabalho diminui a abrangência dos circuitos de renda criados pelo trabalho. Estima-se que 69% da população vivendo na pobreza extrema encontra-se em países primário-exportadores (McKinsey Global Institute, 2013). Há, ainda, a diminuição da participação dos salários na renda mineira em benefício do aumento de sua apropriação financeira. A oferta de mão de obra para determinadas funções no local onde é realizada a extração mineira se torna quase nula devido à exigência por uma mão de obra especializada e inexistente de modo geral nas regiões mineradas. Esse trabalhador vem geralmente de outras regiões e até de outros países. Os cargos de baixa exigência técnica costumam ser preenchidos por empresas terceirizadas que, aí sim, utilizam a oferta da mão de obra local e de contingentes populacionais que migram para as regiões mineradoras em busca de trabalho.

Vale citar o estudo de Hartmann *et al.* (2016), que liga o conjunto de bens produzidos por um país à desigualdade de renda. De acordo com a pesquisa, os países que exportam bens tecnologicamente menos complexos são os mais desiguais. O estudo sugere que a estrutura produtiva de um país pode limitar a distribuição de renda, sendo, portanto, os países primário-exportadores mais desiguais do que os países que produzem bens de alta complexidade tecnológica.

Com o aumento da produção, a proporção de gastos com equipamentos e máquinas no capital constante crescerá. Por isso, a proporção ocupada nos gastos totais por divisas direcionadas ao trabalho será inversamente proporcional ao aumento da produção. Este tipo de escala de gastos pode ser vista em grandes minas a céu aberto.

A estrutura de trabalho e a comercialização de *commodities,* particularmente na megamineração a céu aberto, aguçam desigualdades que ocorrem em várias escalas, inclusive entre países. No entanto, os representantes das grandes mineradoras costumam levantar a possibilidade de redenção social por meio da extração de bens naturais, e ao longo da história essa tese foi defendida por muitos pesquisadores. A abundância na posse de recursos naturais é vista por alguns autores como dádiva (Radetzky, 1992; Davis, 1995, 1998; Davis & Tilton, 2002; Pegg, 2006; Stijns, 2006), porque serviria para o chamado *take-off* dos países ricos em recursos naturais, ou seja, a disparada rumo ao desenvolvimento econômico. Em contrapartida, há a interpretação divergente que enxerga na posse farta de recursos naturais uma maldição, um empecilho ao pleno desenvolvimento socioeconômico das nações (Lewis, 1989; Auty, 1993; Gelb, 1988). A atividade primário-exportadora favoreceria uma inserção subordinada no mercado internacional e formaria oligarquias concentradoras de riquezas. Em suma, a fartura na posse de recursos naturais conduziria à dependência e ao subdesenvolvimento. Dentre as interpretações que consideram a posse de recursos naturais uma plataforma para o desenvolvimento destaca-se a tese das vantagens comparativas, de David Ricardo. Para os críticos desta teoria, os ganhos no setor primário-exportador desestimulariam investimentos em outros setores da economia, o industrial, por exemplo. A intensa entrada de dólares resultante das exportações apreciaria a taxa de câmbio, criando uma situação na qual as exportações seriam prejudicadas pela sobrevalorização do câmbio, principalmente nos setores nos quais a economia nacional não apresenta vantagens naturais (ampla fronteira agrícola, fartura na oferta de recursos naturais, bacia hidrográfica apta a servir de base energética etc.). Esse fenômeno é conhecido como "doença holandesa". Como resultado da descoberta de grandes reservas de gás natural e de sua exportação, a apreciação da taxa de câmbio holandesa impôs barreiras para outros setores da economia, gerando a tendência à especialização na extração e comercialização de gás natural e a desindustrialização.

André Gunder Frank, economista alemão, encarou o subdesenvolvimento como produto histórico das relações passadas e atuais entre os países subdesenvolvidos e aqueles países que se tornaram desenvolvidos. Ainda, considera que estas relações faziam parte da constituição do capitalismo em uma escala global. Historicamente, segundo seus estudos, o desenvolvimento econômico nos países subdesenvolvidos só aconteceu quando estes se expandiram para além das relações com os países desenvolvidos.

A crítica de Frank estava direcionada à noção histórica que enxergava nas sociedades dos países subdesenvolvidos a réplica de estágios anteriores pelos quais passaram as sociedades dos países desenvolvidos. Esta concepção levou a sérios equívocos teóricos e políticos em relação aos países subdesenvolvidos. As sociedades dos países pobres não eram em nada semelhantes ao passado dos países ricos e os países desenvolvidos jamais foram subdesenvolvidos, mesmo que antes tenham sido não desenvolvidos. Um dos elementos inovadores de Frank é compreender o subdesenvolvimento não como consequência da falta da economia capitalista, mas como fruto do desenvolvimento do próprio capitalismo (Frank, 2010). A tese do desenvolvimento do subdesenvolvimento busca nas relações da economia global capitalista com os países colonizados a explicação para o subdesenvolvimento destas regiões. Assim, mapeando a associação entre extração de recursos naturais e produção de matérias-primas em países colonizados e subdesenvolvidos, Frank destaca o desenvolvimento do subdesenvolvimento. Não é a falta de relação com o capitalismo que gera o subdesenvolvimento, mas o desenvolvimento do próprio capitalismo que gera o subdesenvolvimento. O desenvolvimento do subdesenvolvimento e a relação metrópole-satélite podem também acontecer internamente nos países. Para Frank, o Brasil seria o caso mais claro dessa ocorrência. A satelitização interna aconteceu principalmente durante o crescimento da indústria brasileira no século XX, criando polos periféricos fornecedores de mão de obra barata no Norte e Nordeste do país. Enquanto isso, o crescimento econômico se concentrou no Sudeste, intensificando as desigualdades sociais e incentivando a migração de massa em direção aos polos urbanos.

A respeito da extração mineral, os métodos mais avançados demoraram mais tempo para serem utilizados nos países periféricos, porque as empresas se valiam fundamentalmente da ampla oferta de mão de obra barata para realizar a extração, sem se preocupar com as condições de trabalho ou o incremento da produtividade por meio da aplicação de tecnologias.

Para compreender o contexto da mineração na Morro Velho (Grossi, 1981), e em outros complexos minerários latino-americanos, antes da segunda metade do século XX como Potosí, Bolívia; Zacatecas, México; Tarapacá (Vera; Riquelme, 2007) e Chuquicamata (Vargas, 2002), Chile, ganha centralidade o conceito de superexploração da força de trabalho. Esta categoria desenvolvida por Ruy Mauro Marini teria sido a base da dependência latino-americana. Devido à troca desigual entre países produtores de matérias-primas e países industrializados, há uma constante transferência de valor em favor dos países centrais. O capitalista nos países dependentes responde a tal mecanismo reforçando a exploração da força de trabalho, o que acontece com maior intensidade em momentos de baixa cíclica nos preços das matérias-primas. De acordo com Marini, os países primário-exportadores seriam pressionados a expandir a produção de matérias-primas para compensar a troca desigual (Marini, 2005). Os momentos de queda dos preços dos bens primários no mercado internacional são aqueles nos quais estes países se veem mais pressionados a aumentar a produção para compensar a queda no faturamento causada pelo ciclo de baixa nos preços. As nações desfavorecidas não buscam compensar a troca desigual por meio do incremento da produtividade, com investimentos em tecnologia, mas pela intensificação da exploração da força de trabalho, compensando, assim, a desvantagem na troca externa por meio da produção interna (Marini, 2005, p. 153). Aqui o marco analítico de Marini não se limita mais apenas às relações entre países, adentra o âmbito da apropriação de valor produzido pelo trabalho alheio no interior dos países. Dessa forma, a transferência de valor entre países seria transferência de mais-valia. Assim, a contribuição da América Latina para a taxa de lucro nos países centrais se faria mediante o incremento da taxa de mais-valia na economia interna, o que gera efeitos prejudiciais na formação social latino-americana, tal como pobreza e desigualdade social. Nas economias latino-americanas, o consumo individual do trabalhador latino-americano não interfere na realização das mercadorias porque a circulação destas estaria apartada da produção. A consequência imediata é de que a força de trabalho será explorada ao máximo, sem a preocupação de se criar as condições para o consumo final. Para Marini, a economia primário-exportadora é uma formação social na qual se agudiza ao máximo as contradições do modo de produção capitalista.

Para além da intensificação do trabalho e do incremento da jornada de trabalho, existe uma terceira forma de incrementar a extração de mais-valia, que é reduzir o consumo do trabalhador para além do mínimo necessário, ou, na terminologia de Karl Marx, rebaixar o salário para além do valor necessário para a reposição da força de trabalho. Combinados esses três mecanismos de exploração, a remuneração do trabalhador é reduzida ao mesmo tempo que é aumentado o tempo de trabalho excedente, o que impossibilita a parte do tempo de trabalho necessário para o trabalhador repor fisicamente sua força de trabalho, gerando a condição paupérrima dos trabalhadores nos países dependentes. Nos três mecanismos de intensificação da exploração são negadas ao trabalhador as condições necessárias para a sua sobrevivência e de sua família. As duas primeiras ao aumentar o dispêndio da força de trabalho, e na terceira ao negar a possibilidade de consumir aquilo que é estritamente necessário para sua vitalidade. A superexploração se caracteriza pelo fato de que a força de trabalho é remunerada abaixo do nível mínimo necessário para sua reposição. Na mineração, a superexploração da força de trabalho, tal qual descrita por Marini, é instrumento essencial para entender o trabalho nos túneis subterrâneos de Morro Velho.

No tipo de extrativismo realizado na Mina de Morro Velho, caracterizado pelo economista Eduardo Gudynas como extrativismo de segunda geração – o primeiro tipo de extrativismo é o mais rudimentar, no qual se utiliza basicamente do garimpo manual e beneficiamento artesanal –, são utilizados tipos próprios de tecnologia, como a máquina a vapor alimentada por carvão mineral, perfuratrizes, motores de combustão interna simples, explosivos e agroquímicos (Gudynas, 2015, p. 23). Esta geração se iniciou em meados do século XIX e agregou tecnologias criadas pela revolução industrial. Os métodos de separação dos minerais se tornaram mais eficientes e são maiores os volumes de água e o consumo de energia em relação ao extrativismo de primeira geração. Inovações tecnológicas foram introduzidas na infraestrutura de transporte por meio de ferrovias e melhoria dos portos.

Em escalas globais de desigualdade inéditas, o consumo e usufruto assimétrico dos bens naturais deterioram a situação da humanidade em um mundo que cada vez mais caduca. Trata-se de um modo de produção e consumo disfuncional. A megamineração aumenta as desigualdades através de vários mecanismos, ao mesmo tempo que se torna resultado delas ao prover a base do consumo assimétrico global.

A MÁQUINA DO MUNDO
A GEOPOLÍTICA DA MINERAÇÃO

A CIRCULAÇÃO DOS MINÉRIOS ESTÁ INSERIDA EM REDES GLOBAIS

de produção (RGPs), que consistem em "configurações integradas e geograficamente dispersas de funções e operações interligadas através das quais bens e serviços são produzidos, distribuídos e consumidos" (Henderson et al.., 2011, p. 153). As RGPs constituem formas organizacionais privilegiadas de expressão da globalização que abarcam agentes econômicos, políticos e sociais diversificados, que desempenham papéis relevantes na conformação empírica da rede. Assim, a circulação dos minérios começa pela fome por matérias-primas minerais e agrícolas. Essa "máquina do mundo" demanda minerais para os mais variados fins: desde a construção civil, a produção de máquinas e bens, até as mais diversas utilidades e inutilidades, todas necessitam de alguma forma dos bens minerais. E quanto maior a fome da "máquina do mundo", maior a demanda por esses insumos e, portanto, maior será a produção/extração desses bens.

No fim do século XX, esta demanda era estável e mantinha os preços dos minerais em níveis relativamente baixos. Esta calmaria acabaria com a ascensão da China no sistema mundial na virada para o século XXI. Por meio da mão de obra barata, do câmbio desvalorizado e de amplas e profundas reformas econômicas e políticas, o país asiático torna-se o principal motor do setor fabril global, encadeando anos seguidos de taxas de crescimento acima dos 10%, trazendo consequências para o mundo inteiro. As transformações da indústria de semimanufaturados, a mudança territorial da produção fabril global e o impulso no comércio mundial são alguns deles. Inclusive, também levou muitos estudiosos a sustentar a polêmica tese de que a transformação na economia chinesa teria deslocado o centro hegemônico de acumulação mundial dos EUA para a China (Arrighi, 2007). A mudança da indústria pesada e de baixa tecnologia para o leste asiático diminuiu os custos de produção de uma série de produtos manufaturados, o que inverteu momentaneamente os termos de troca entre países exportadores de matérias-primas e os exportadores de manufaturas. O salto econômico dado pela China teve um de seus pontos de apoio na atratividade oferecida pela produção de bens com preço abaixo da média do mercado, graças à participação menor da renda do trabalhador nos custos de produção.

Este mesmo processo gerou também mudanças internas na estrutura socioeconômica chinesa: uma parcela relevante da população ascendeu à classe média e passou a consumir bens e serviços a que, antes, não tinham acesso: automóveis, residências e eletrodomésticos. Essa ascensão social exigiu do Estado chinês investimentos pesados em sistemas de eletricidade, transportes e habitação. A China transforma-se, então, no principal consumidor de matérias-primas direcionando investimentos, durante os anos 2000, a países ricos em recursos naturais, particularmente os da África. Entre 2005 e 2011, o gigante asiático esteve envolvido em mais de 350 investimentos estrangeiros diretos (IED) que passaram de 200 bilhões de dólares (Apex Brasil, 2012, p. 29). Todas essas transformações afetaram decisivamente as atividades extrativas e produtoras de *commodities*; isto fez com que estas passassem a ter preços altíssimos no mercado internacional dando as bases do fenômeno que ficou conhecido como *boom* das *commodities*. Os preços justificaram uma nova postura do setor extrativo mineral que, com a demanda crescente e vertiginosa da "máquina do mundo", passou a investir na expansão e na criação de infraestrutura de extração mineral (Wanderley, 2017). Entre 2002 e 2013, os gastos em exploração mineral na América Latina aumentaram 660% (Humphreys, 2015). Esse crescimento foi de 725% na África, 940% na Ásia do Pacífico e 100% no resto do mundo.

A oferta de matérias-primas não se equipara instantaneamente à demanda quando esta sobe subitamente. Este processo pode levar anos e consiste na construção/expansão de infraestrutura de produção/extração, beneficiamento e transporte. Esse período de desequilíbrio, com a demanda maior que a oferta, pressiona os preços para cima. Quando ocorre o contrário, as mineradoras podem estocar material, assim como, em casos mais extremos, paralisar a produção. É prática comum das siderúrgicas chinesas estocar minério de ferro, principalmente quando há risco de desabastecimento, como ocorreu após o rompimento da Barragem I, em Brumadinho, o que elevou os preços do minério de ferro (Investing.com Brasil, 2019). Ainda, analisando o comportamento dos preços das *commodities*, é preciso considerar a influência da especulação, em mercados financeiros, na elevação dos preços, durante os anos 2000, das matérias-primas minerais que servem como objeto de negociação em mercados futuros e derivativos (Milanez, 2017). O mercado futuro é aquele em que se negocia a compra e a venda de produtos que só serão entregues ao consumidor final em data futura a ser combinada. Assim, meses antes da produção de dada carga de trigo, por exemplo, o produto já foi vendido. Inicialmente, a justificativa do mercado futuro era proteger os produtores de intempéries naturais (tempestades, secas e enchentes). No entanto, o mercado futuro de *commodities* passou a ser local de investimento por parte de agentes financeiros interessados na especulação que, até a entrega do produto ao consumidor final, ganham ou perdem com a alta ou baixa nos preços. A partir do fim dos anos 1990, foram criadas novas modalidades de negociação nos mercados financeiros, até então dominados pelas *commodities* agrícolas, envolvendo matérias-primas minerais. Isto afetou diretamente os preços dos minerais nos mercados globais. As bolsas de *commodities* comercializam insumos energéticos, produtos agrícolas e minerais. Há 57 delas no mundo com destaque para a *New York Mercantile Exchange* (NYMEX), a maior delas, a *London Metal Exchange* (LME) e a *Chicago Mercantile Exchange* (CME). Com a ascensão da China como grande consumidor de minerais, a bolsa de mercadorias e futuros da cidade chinesa de Dalian ganha importância nas negociações da tonelada do minério de ferro.

Com a alta nos preços das *commodities*, a situação se tornou favorável aos países primário-exportadores que obtiveram vantagens comparativas no intercâmbio internacional durante determinado período. Isso levou, em muitos casos, à especialização na exportação de matérias-primas, causando os fenômenos da reprimarização das exportações e da desindustrialização. A desindustrialização é o processo no qual o setor industrial proporcionalmente perde peso, assim como tamanho absoluto, no conjunto da economia. Em geral, ela é negativa por transferir postos de trabalho para outros países, diminuir o conteúdo tecnológico dos bens produzidos e aumentar a vulnerabilidade do país às pressões externas e às flutuações do mercado internacional no que diz respeito aos preços das matérias-primas, reforçando a dependência pela exportação de produtos básicos e aprofundando a deterioração nos termos de troca. O Brasil foi um dos países que passou por esse processo durante o *boom* das *commodities* e ganha força ainda maior desde o golpe de 2016.

Durante os ciclos de alta nos preços das *commodities*, as divisas geradas nos países produtores de matérias-primas tendem a se concentrar nos polos compostos por empresas mineradoras e seus acionistas; a participação do trabalho na renda total tende a diminuir, porque os sindicatos dos países periféricos não conseguem elevar o nível salarial na mesma proporção dos ganhos do capital ocasionados pela alta dos preços. Ao mesmo tempo, caso parte do lucro da mineração seja transformado em taxa de poupança e, posteriormente, em investimento na produção, as divisas serão direcionadas para a compra de máquinas – visto que a produção é mecanizada e automatizada nas minas a céu aberto, criando-se relativamente poucos empregos – produzidas, geralmente, nos países exportadores de manufaturas. Este procedimento diminui ainda mais a participação relativa do trabalho na renda total. Quando dos ciclos de baixa nos preços, a queda dos ganhos poderá ser compensada com a diminuição do ritmo da produção, demissões, ou, até mesmo, no movimento contrário de expandir a extração/produção. Ambos os ciclos, de queda e alta, podem ocorrer em qualquer atividade econômica. Porém, como as oscilações no mercado internacional de *commodities* são mais amplas, os ciclos são também mais intensos e trazem mudanças repentinas para as regiões produtoras de matérias-primas.

O economista Stephen Lewis (1989, p. 151) sintetizou algumas conclusões dos estudos a respeito da instabilidade nos preços das matérias-primas, observando que os países que tiveram maior presença proporcional de *commodities* nas exportações foram os mais vulneráveis a flutuações nos lucros: a) os países periféricos em geral tiveram flutuações mais amplas nas rendas geradas pelas exportações do que os países desenvolvidos; b) as flutuações foram significativas tanto para bens manufaturados quanto para bens primários; c) quanto maior a concentração de *commodities* na pauta exportadora, maior a variação dos lucros resultantes das exportações; d) as flutuações de quantidade foram a fonte determinante para as flutuações dos lucros decorrentes de exportações. O economista argentino Raúl Prebisch se dedicou a analisar o comportamento histórico dos preços das matérias-primas. Em franca crítica à divisão mundial do trabalho – que divide os países em produtores de matérias-primas e países industriais – e a David Ricardo – que defendia essa divisão baseada na especialização dos países em produtos nos quais obtivessem vantagens produtivas –, Prebisch demonstrou a tendência histórica dos países exportadores de matérias-primas à deterioração nos termos de troca, ou seja, os países produtores de matérias-primas necessitavam produzir e exportar cada vez mais matérias-primas para importar o mesmo valor de produtos manufaturados. Estudando os dados dessa relação entre produtos primários e bens finais, no período de 1876-1947, ele concluiu que houve a deterioração nos termos de troca dos países periféricos. Segundo seu estudo, a mesma quantia de produtos primários compraria, em 1947, apenas 68,7% do que comprava em 1876 (Prebisch, 2011, p. 104).

Seguindo os passos da rede global de produção mineral, da "máquina do mundo" e sua fome crescente por minerais nasceu o incentivo para a extração nos mais diversos países, regiões e territórios. Consequentemente, a instalação ou expansão de muitos empreendimentos minerários ganhou viabilidade econômica. Resumindo, a alta dos preços justifica a instalação de minas e sua infraestrutura conexa em locais onde não era viável com o nível dos preços anterior. O mesmo processo justifica a expansão de empreendimentos que já se encontravam em funcionamento ou paralisados. A expansão econômica da mineração é acompanhada por expansão territorial da atividade, assim como da infraestrutura necessária para o tratamento, beneficiamento, refino e transporte dos minérios. Veremos no capítulo seguinte como essa expansão territorial gerou uma série de conflitos.

O ano de 2011 marcou o fim do ciclo de alta nos preços das *commodities*. Apesar de uma desaceleração em 2008, decorrente da crise dos títulos do *subprime*, que se espalhou pela economia global, os preços dos minerais se recuperaram até o início de 2011, quando a tendência de queda fecha o *boom* das *commodities* abrindo o cenário de pós-*boom*. Entre 2011 e 2015, o preço da tonelada do minério de ferro caiu 66%. Durante esse período, as grandes mineradoras encontravam-se numa situação fiscal de endividamento devido ao financiamento de expansões e aberturas de projetos minerários e, por isso, adotaram estratégias financeiras e comerciais defensivas. Foram priorizados os empreendimentos já existentes com maior rentabilidade e postergada a criação de novos projetos. As empresas realizaram uma série de desinvestimentos e deram prioridade a projetos que contavam com vantagens comparativas, como custos de transporte baixos e alta qualidade dos minérios, tal como no projeto S11D, da Vale – que é o empreendimento minerário que expandiu a capacidade de extração de minério de ferro em Carajás –, ao mesmo tempo que foram vendidos ou paralisados ativos vistos como não estratégicos.

Foi acentuado o esforço pela redução de gastos, particularmente com exigências ambientais e custos trabalhistas, buscando a elevação da produtividade. A diminuição de gastos com custos fixos tem grande importância para a compreensão do rompimento da barragem de Fundão, em 2015. Este será tema de debate no quarto capítulo, mas adiantamos que a sequência de aceleração nas obras para expandir a extração e aumentar a capacidade de disposição das barragens, durante o *boom* das *commodities*, e, no pós-*boom*, diminuição com gastos em manutenção e segurança de barragens formaram o panorama do rompimento da barragem da Samarco.

Em suma, as grandes mineradoras encontraram várias dificuldades para manter uma receita superavitária durante o pós-*boom*. Porém, este contexto chegou ao fim no ano de 2018, quando o mercado de *commodities* minerais passou a ser definido pela estabilização e aumento sucessivo, mesmo que lento, dos preços. Porém, muitos anos depois, os conflitos criados pela "máquina do mundo" no contexto do *boom* das *commodities* se estendem e se aprofundam. Por isso, entenderemos no próximo capítulo a sua formação.

A MONTANHA PULVERIZADA
O SUPERCICLO DA
MINERAÇÃO NO BRASIL
E SEUS CONFLITOS

DESDE O CICLO DO OURO, A MINERAÇÃO É UM DOS PRINCIPAIS setores da economia brasileira, tornando o Brasil um dos países com maior extração mineral do mundo. Durante o século XVIII, a extração do ouro demarcava terras, erguia igrejas e catedrais douradas, despertava a cobiça e fazia brotar cidades nos cenários naturais mais hostis. Apesar da opulência criada pela extração rudimentar do ouro, o botânico francês Auguste Saint-Hilaire, entre 1816 e 1822, percorreu diversas províncias brasileiras e testemunhou a decadência desse primeiro ciclo da mineração no país. Saint-Hilaire descreveu uma sociedade em franco declínio econômico, refletindo as condições impostas pela queda contundente da extração de ouro na província de Minas Gerais do início do século XIX. Viajando entre Mariana e o povoado de Camargos, ele detalhou a pobreza dos habitantes e as muitas crateras produzidas no solo pela mineração do ouro. Contrastando o auge do ciclo do ouro com o seu fim, Saint-Hilaire relatou que muitas povoações dos distritos auríferos da Província de Minas "foram outrora ricas e prósperas, mas atualmente não apresentam, como toda a zona circunjacente, senão o espetáculo do abandono e da decadência" (Saint-Hilaire, 2000, p. 89). O século XIX foi preenchido por essa queda na produção mineral e pelo funcionamento da mina de ouro, até então, mais profunda do mundo, a mina de Morro Velho. Localizada em Nova Lima ela, hoje pertencente à mineradora sul-africana *Anglo Gold*

Ashanti, foi a mina que mais produziu ouro no Brasil durante os séculos XIX e XX (tendo sido desativada em 2003). O início de sua exploração ocorreu em 1693 e, em 1834, a empresa inglesa *Saint John Del Rey Mining Company* comprou-a, mantendo a propriedade até 1959.

Os acidentes de trabalho eram recorrentes, inclusive grandes catástrofes, como relatado na *Introdução* deste livro. Mesmo após a abolição da escravatura, as condições de trabalho ali eram precárias, somadas às extensas jornadas de trabalho e aos baixos salários. Diferente das minas a céu aberto da atual geração tecnológica da mineração, a extração mineral em Morro Velho tinha como base o trabalho manual. Não havia instrumentos de proteção dos trabalhadores mineiros, como equipamentos que diminuíssem a inspiração do pó da sílica e a suspensão do pó pela mina. Dessa forma, dentro dos túneis subterrâneos, a grande maioria de seus trabalhadores adquiriu a silicose, uma doença irreversível decorrente da inalação da poeira da sílica. As partículas da sílica instaladas no pulmão endurecem e reduzem progressivamente a capacidade respiratória da vítima, desenvolvendo a tuberculose ou câncer de pulmão. São milhares de mineiros que morreram na região ao longo dos séculos em decorrência disso.

Entre o século XIX e o superciclo das *commodities*, existem muitos anos e diferenças. Porém também continuidades perversas, tais como as tragédias sistemáticas envolvendo trabalhadores e comunidades.

Para pensar as semelhanças e diferenças entre os dois períodos, vale analisar os conflitos gerados pela expansão econômica e territorial da mineração no Brasil durante o superciclo das *commodities*.

Como debatido no capítulo anterior, o *boom* das *commodities* teve efeitos sobre os mais diversos países e territórios. Nesse tempo, a mineração no Brasil seguiu a tendência global de expansão, as exportações minerais brasileiras passaram de 6,8% da pauta exportadora, em 2000, para 17,6%, em 2011. A arrecadação da Compensação Financeira pela Exploração de Recursos Minerais (CFEM), mais conhecida como *royalties* da mineração, uma forma de compensação pela exploração dos recursos minerais que pertencem à União, subiu de 160 milhões de reais para 2,38 bilhões de reais, entre 2001 e 2013.

A principal empresa mineradora ativa no Brasil, em termos de valor de operação no país, é a Vale S.A. e suas controladas (Minerações Brasileiras Reunidas, Vale Fertilizantes S.A., Salobo Metais S.A. etc.). Também tem presença relevante as mineradoras *Anglo Gold Ashanti*, Anglo American, Companhia Siderúrgica Nacional (CSN), KinRoss Brasil Mineração S.A., Gerdau Açominas Brasil S.A., Votorantim Metais S.A., Mineração Rio do Norte S.A. (MRN), dentre outras.

A atividade mineradora no Brasil é regulamentada pelo Decreto lei n. 227/1967. Em junho de 2013, o governo federal enviou ao Congresso o Projeto de Lei (PL) n. 5.807/2013, que constituiria um Novo Marco Regulatório para a Mineração. Ainda no mesmo ano, foi criada uma Comissão Especial para avaliar o PL, cujo presidente foi o deputado Gabriel Guimarães (PT-MG), e cujo relator foi o deputado Leonardo Quintão (PMDB-MG). O projeto de lei enviado à Câmara dos Deputados em 2013 foi alterado, e seu último substitutivo foi apresentado em novembro de 2015, não sendo aprovado.

As principais mudanças na legislação federal relativa à mineração aconteceram por meio de três Medidas Provisórias (MP): MP n. 789/17, MP n. 790/17 e MP n. 791/17. A MP 789/17 alterou o cálculo da CFEM; a base do cálculo da CFEM era a receita líquida, isto é, a receita após o desconto dos tributos incidentes sobre comercialização, das despesas de transporte e dos seguros. Após o lançamento dessa Medida Provisória, convertida na Lei n. 13.540, de 2017, a base do cálculo passa a incidir sobre a receita bruta da venda, deduzidos os tributos incidentes sobre sua comercialização, pagos ou compensados, de acordo com os respectivos regimes tributários. A percentagem utilizada depende do mineral explorado, chegando ao máximo de até 3,5%. A MP n. 790/17 e a MP n. 791/17 alteraram outras normas relativas à atividade mineradora e criaram a Agência Nacional de Mineração (ANM), em substituição ao Departamento Nacional de Produção Mineral (DNPM).

Incidem sobre a atividade mineradora os seguintes tributos e compensações: o Imposto sobre Importação (II), o Imposto Sobre Circulação de Mercadoria e Serviços (ICMS), a Participação do Superficiário, a Taxa Anual por Hectare (TAH) e a Compensação Financeira pela Exploração dos Recursos Minerais (CFEM). No entanto, como boa parte dos produtos da atividade mineradora no Brasil é exportada, as empresas se beneficiam da Lei Complementar n. 87, de setembro de 1996, também conhecida como Lei Kandir, que isentam de ICMS os serviços e os bens primários, manufaturados e semimanufaturados destinados à exportação. Segundo estudo do Instituto de Estudos Socioeconômicos (INESC) (Cardoso, 2015, p. 10), o governo de Minas Gerais teve perdas potenciais de 16,9 bilhões de reais, entre 1997 e 2013, por conta dessa isenção, sendo recompensado pela União com apenas 26% deste valor, o que causou déficit potencial de 12,5 bilhões reais. O mesmo processo ocorreu no estado do Pará, que teve no período perdas potenciais de 11,9 bilhões de reais, e uma compensação de 21,2% deste valor, o que deixou o prejuízo de 9,4 bilhões de reais. Importante destacar que as compensações realizadas pela União não acompanham as variações nos preços dos minérios, por isso não houve compensação pelo crescimento do valor das exportações durante o ciclo de alta das *commodities*. As corporações multinacionais se valem de diversas práticas, algumas delas ilegais, para diminuir os tributos pagos pela produção e circulação de mercadorias. Estudo da *Red Latindadd*, em parceria com o Instituto de Justiça Fiscal (IJF) (Latinidadd, 2019), assinalou que o mecanismo conhecido como preços de transferência é uma das principais formas utilizadas pelas mineradoras para diminuir o pagamento de tributos. A transferência de preços funciona por meio da venda de bens ou serviços de determinada empresa a preços abaixo dos praticados no mercado para coligadas localizadas em paraísos fiscais, que então os revendem ao consumidor final a preços normais. No caso da mineração brasileira, tal mecanismo diminui, por exemplo, o montante pago de CFEM, tendo em vista que ela é calculada tendo como base a receita bruta, que com a transferência de preços é diminuído no país onde é realizada a extração. O estudo estimou que o subfaturamento das exportações de minério de ferro ocasionou a saída indevida de 39,1 bilhões de dólares entre 2009 e 2015, uma perda média de mais de 5,6 bilhões de dólares por ano. Para o mesmo período, esteve associada uma perda de arrecadação tributária de 13,3 bilhões de dólares, o que significou em média uma perda anual de 1,9 bilhão de dólares. Ainda, estimou que, a cada ano, desde 2011, mais de 80% das exportações brasileiras de minério ferro foram adquiridas por empresas sediadas na Suíça, país conhecido por ser um paraíso fiscal, embora essas exportações tenham outros países como destino final. Segundo o estudo da *Red Latindadd*, entre 2009 e 2015, o subfaturamento das exportações adquiridas por este país e totalizou 28,7 bilhões de dólares. O minério de ferro é o principal mineral extraído no Brasil, tendo sido responsável por um valor total de operação, em 2018, de 62,7 bilhões de reais, enquanto os minérios de cobre e ouro alcançaram a cifra de 9,7 e 9,6 bilhões cada, respectivamente, segundo dados da ANM (2019).

Gráfico 1 – Valor de operação por substância mineral em 2018 (em R$ bilhões)

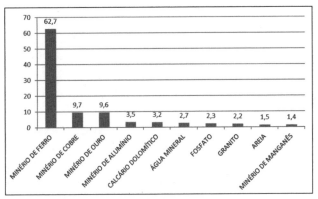

Fonte: ANM, 2019

Considerando os municípios minerados, pode-se notar que Parauapebas (PA), onde está localizada grande parte da província mineral de Carajás, se destaca por arrecadar mais que o dobro do montante arrecadado por Canaã dos Carajás, segundo município em arrecadação, localizado na mesma província mineral, assim como o terceiro colocado, Marabá. O primeiro município de Minas Gerais é Congonhas; Mariana ainda figura entre os dez primeiros, mesmo com a paralisação da Samarco. Em 2018, dentre os dez municípios mais minerados, sete estavam no estado de Minas Gerais.

Gráfico 2 – Valor de operação por município em 2018 (em R$ bilhões)

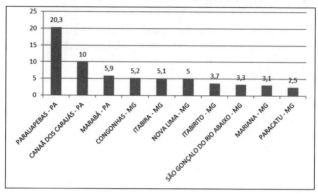

Fonte: ANM, 2019

O valor de operação por estado revela a concentração da mineração em Minas Gerais e Pará, ambos localizados em patamares mais elevados do que os outros estados brasileiros: a diferença entre eles e o terceiro estado, que é Goiás, chega a quase 40 bilhões de reais, em 2018. Chama a atenção a proximidade entre os valores, em 2018, sendo Minas Gerais, responsável por 43,7 bilhões e o Pará, por 42,4 bilhões de reais. Importante notar como o estado da região Norte se aproxima ano após ano do valor produzido no estado do Sudeste.

Gráfico 3 – Valor de operação por estado em 2018 (em R$ bilhões)

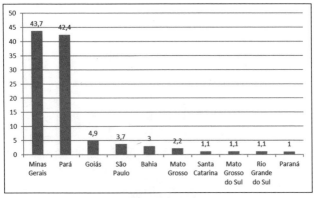

Fonte: ANM, 2019

O valor da CFEM total arrecadada no país mostra uma contínua ascensão a partir de 2004 até 2008, com uma pequena queda em 2009, voltando a subir em 2010 até 2013. O valor da CFEM arrecadada caiu significativamente entre 2013 e 2015, evidenciando o pós-*boom*. No biênio 2016-2017, a CFEM recupera o crescimento e atinge uma elevação decisiva em 2018. Esse é o atual cenário de crescimento estável dos preços, o que pode significar uma nova onda de expansão no futuro próximo.

Gráfico 4 – CFEM total arrecadado (em R$ milhões)

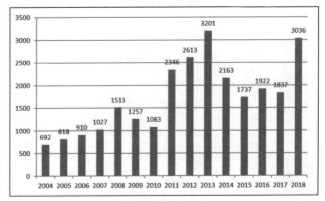

Fonte: ANM, 2019
Valores corrigidos com o IPCA

A arrecadação por meio da CFEM é extremamente sensível a alterações e crises no mercado internacional porque o seu cálculo incide sobre o faturamento das empresas, o que varia de acordo com a razão entre volume vendido e preço unitário. Assim, a quantia de divisas repassadas a municípios, estados e União, com o objetivo de compensá-los por possíveis prejuízos causados pela produção mineral, pode diminuir, aumentar ou manter-se estável de acordo com as flutuações do mercado internacional. No entanto, um movimento bastante utilizado por mineradoras, em momentos de queda dos preços dos minerais no mercado internacional, é o de incremento da produção nos empreendimentos considerados centrais, o que em geral tende a aumentar também os efeitos e prejuízos principalmente de municípios e estados produtores. Assim, a arrecadação da CFEM pode diminuir ou se manter igual ao mesmo tempo que se tornam mais intensos os efeitos. Esta observação transparece a necessidade de mudança na forma de cálculo da CFEM, não apenas por sua pequena quantia, mas também por deturpações que não conseguem compensar os grandes problemas gerados aos territórios de onde são extraídos, beneficiados e transportados os minerais.

Por território, utilizando concepção do geógrafo Lucas Zenha, entendemos o "espaço apropriado e definido a partir de relações de poder e suas dinâmicas, estabelecendo hegemonias e resistências, que se desdobram em conflitos e em contradições" (Zenha, 2019, p. 41). A expansão territorial da atividade mineradora engendrou graves problemas para as formas de viver e produzir de milhões de brasileiros.

Cabe ressaltar que os efeitos da mineração não se restringem apenas ao município ou região onde é realizada a extração. O transporte dos minerais feito por ferrovias, estradas, minerodutos e portos gera danos para diversas populações distantes do local de extração (cf. Sant'Ana Junior e Alves, 2018), assim como usinas, refinarias e outros tipos de estrutura de beneficiamento e tratamento dos minerais. Gudynas (2015) denomina isso de "efeitos derrame". Multiplicaram-se pelo país as ausências em forma de montanhas pulverizadas, rios enlameados e povos empobrecidos. São os mais variados tipos de populações afetadas pela atividade mineradora, como indígenas, quilombolas, os ribeirinhos, geraizeiros, pescadores e outras populações tradicionais, além de vasta população urbana e rural que habita territórios na área de influência da mineração, e dos trabalhadores do próprio setor. A instalação de minerodutos é um dos indícios da flagrante expansão da atividade mineradora no Brasil. Eles são uma das principais formas de se transportar minerais. Os minérios são transformados em polpa, por meio de adição de água e produtos químicos para, então, serem transportados por dutos (Gomide *et al.*, 2018, p. 35), onde são bombeados e deslocados pela força gravidade.

Dois dos maiores minerodutos do mundo estão em Minas Gerais: o primeiro pertencente à Anglo American e o segundo é propriedade da Ferrous Resources do Brasil. Este último teve seu projeto de instalação barrado devido à mobilização popular e à articulação de diferentes organizações (cf. Campelo, 2019). O mineroduto da Anglo American faz parte do empreendimento Minas-Rio, que se estende por 530 km e 32 municípios, entre Minas Gerais e Rio de Janeiro (Milanez *et al.*, 2019, p. 35), afetando, por meio do tremor e do ruído, a vida de milhares de pessoas que vivem nos entornos da infraestrutura. A mina está localizada em Conceição do Mato Dentro (MG) e o porto em São João da Barra (RJ). Em 2018, ocorreram dois vazamentos no mineroduto causando transtornos para as comunidades e a emissão de poluentes em córregos e rios. Ainda, cabe ressaltar que o Minas-Rio teve recentemente aprovado o licenciamento de sua terceira expansão, apesar de carregar condicionantes não cumpridas desde o início de sua operação, em outubro de 2014. Entre os problemas causados pelo empreendimento estão a falta de água provocada pela destruição de mananciais e a mortandade de peixes, além de irregularidades no licenciamento da barragem de rejeitos. Esta será alteada aumentando a capacidade de armazenamento de 40 milhões de metros cúbicos para 370 milhões de metros cúbicos, mesmo que a jusante da barragem estejam localizadas as comunidades de São José do Jassém, Água Quente e Passa Sete, e que a Lei Estadual 23.291/2019, "Mar de Lama Nunca Mais", proíba o alteamento de barragens quando houver comunidades na zona de autossalvamento. Ainda existem outras comunidades a jusante da barragem num raio de 2 km que não foram incluídas na ZAS, o que as permitiria receber um tratamento diferente daquele recebido pelas comunidades na Zona Secundária de Salvamento (ZSS). A ZAS corresponde à área a jusante da barragem, numa extensão máxima de 10 km, onde os órgãos públicos não conseguem salvar as pessoas devido à falta de tempo, em caso de rompimento, ou seja, as pessoas devem escapar por conta própria, numa situação absurda criada pela legislação. A ZSS é a mancha que está após 10 km ou 30 minutos, onde em tese haveria tempo suficiente para que as pessoas com treinamento adequado realizem o seu próprio salvamento, geralmente se dirigindo a pontos de encontro previamente estabelecidos. Ambas as zonas são definidas no Plano de Ação de Emergência de Barragens de Mineração (PAEBM). Importante destacar que poucas são as barragens no Brasil que periodicamente realizam os treinamentos de salvamento nas ZSS.

A expansão acelerada do setor gerou reação e resistência das populações atingidas pela mineração e seus efeitos predatórios; surgiram organizações, articulações, frentes e movimentos populares críticos a essa prática. São muitos os sujeitos desta luta e optamos por não listar todos eles aqui – incorrendo no risco de cometer injustiças ao omitir alguns deles. Podemos mencionar, por exemplo, o Justiça nos Trilhos (JnT) que surge em decorrência dos sérios problemas causados a populações pela Estrada de Ferro Carajás (EFC), desde doenças mentais causadas pelo constante ruído até mortes por atropelamento, e atua na luta pelos direitos e dignidade das populações afetadas pela EFC, de propriedade da Vale. O JnT também se notabilizou ao colaborar com o reassentamento da comunidade do Piquiá de Baixo, que sofre com a poluição aérea emitida pelo polo siderúrgico de Açailândia (MA). Este é abastecido com minério de ferro proveniente de Carajás e utiliza carvão vegetal na produção de ferro-gusa.

Diversas redes e articulações se formaram ou se inseriram no debate acerca da mineração durante o período. Destacamos o Comitê em Defesa dos Territórios Frente à Mineração, que surgiu em 2013, como reação, principalmente, ao *lobby* das mineradoras no Congresso. O mote principal da atuação do Comitê era o Novo Marco Legal da Mineração e, desde então, acompanha o debate legislativo federal, age na imprensa e realiza pesquisas que subsidiem as populações afetadas pela mineração.

Organizações populares como o Movimento dos Trabalhadores Rurais Sem-Terra (MST) e o Movimento dos Atingidos por Barragens (MAB) foram levados à temática mineral pelas transformações concretas nos territórios e pelo espraiamento de barragens. Porém, há outros que nasceram especificamente por conta das contradições criadas pela expansão mineradora, como, por exemplo, o Movimento pela Soberania Popular na Mineração (MAM); surgido no contexto regional amazônico da principal mina brasileira, a de Carajás, o MAM se propõe a pensar outras formas de organizar a atividade mineradora para que ela se paute primordialmente e seja definida de acordo com os interesses da soberania popular.

Foram muitas as ONGs que atuaram a favor de outras formas de se organizar a mineração no Brasil por meio da atuação nos territórios atingidos, da publicação de materiais sobre o tema e da divulgação deste debate para o conjunto da sociedade; algumas delas são: a Federação de Órgãos para Assistência Social e Educacional (Fase), a Justiça Global, o Instituto Políticas Alternativas para o Cone Sul (PACS) e o Instituto Brasileiro de Análises Sociais e Econômicas (Ibase). Além disso, também devemos mencionar setores da Igreja católica que se somaram a essa resistência, tal como a Comissão Pastoral da Terra (CPT).

Em contrapartida, os sindicatos dos trabalhadores da mineração se mantiveram num campo de luta mais restrito, geralmente ligado a importantes demandas econômicas da categoria como melhores salários e a Participação nos Lucros ou Resultados (PLR), mas que é bastante restrita considerando a complexidade dos temas referentes à atividade mineradora. Para além de demandas pontuais, podemos citar a Ação Sindical Mineral e a Confederação Nacional dos Trabalhadores na Indústria (CNTI) como organizações que vêm buscando mobilizar os trabalhadores da mineração.

Há também uma tendência nas universidades de grupos de pesquisa e extensão atuarem em parceria com as organizações citadas além de manter um diálogo com redes e articulações como o Comitê em Defesa dos Territórios Frente à Mineração e a Rede Brasileira de Justiça Ambiental (RBJA), completando a oposição ao avanço destrutivo da atividade mineradora, pesquisando os efeitos e conflitos socioambientais e municiando as organizações com informações acerca dos processos extrativos. Entre outros, podemos mencionar o Organon, Núcleo de Estudo, Pesquisa e Extensão em Mobilizações Sociais do Programa de Pós-Graduação em Ciências Sociais da Universidade Federal do Espírito Santo (UFES), o Grupo de Estudos em Temáticas Ambientais (Gesta) da Universidade Federal de Minas Gerais (UFMG), o Núcleo Trabalho, Saúde e Meio-Ambiente (Tramas) da Universidade Federal do Ceará (UFC), o Grupo de Estudos Desenvolvimento, Modernidade e Meio Ambiente (GEDMMA) da Universidade Federal do Maranhão, e o grupo de pesquisa e extensão Política, Economia, Mineração, Ambiente e Sociedade (PoEMAS) da Universidade Federal de Juiz de Fora.

Apesar destes esforços ainda não há um levantamento detalhado do que ocorre, de fato, nos territórios afetados pela mineração no Brasil, incluindo aí os conflitos que surgiram a partir disso. No entanto, há algumas fontes de dados que nos dão algumas pistas. Podemos mencionar, por exemplo, o Observatório de Conflitos Mineiros na América Latina (OCMAL), que realiza o mapeamento anual dos conflitos minerários na América Latina e analisa mais detalhadamente oito casos de conflitos minerários no Brasil: Carajás, Onça Puma, Samarco/Fundação Renova, Anglo American, Companhia Brasileira de Alumínio (CBA), Hydro Alunorte, Belo Sun e Aurizona. Em seu levantamento, o observatório contabiliza 26 conflitos minerários existentes no Brasil, durante 2018, número este distante da realidade. Segundo o Centro de Tecnologia Mineral (Cetem), em publicação de 2014 com descrição deste tipo de conflitos, havia 105 casos no país, sendo Minas Gerais o estado onde mais ocorriam conflitos, seguido por Pará e Bahia (Fernandes *et al.*, 2014). O melhor detalhamento e o registro contínuo destes enfrentamentos é, ainda, uma lacuna para as organizações populares.

Entretanto, apesar de todos estes elaborados esforços de crítica à mineração, parece que ainda não delimitamos o que seria a contradição estrutural ao capital mineral, que possibilitaria o questionamento e a transformação sistêmica do atual modelo de mineração no Brasil. Apesar do esforço de diferentes agentes e organizações por ocupar tal espaço, e de valiosas contribuições para um novo modelo de mineração, baseado em paradigmas como a soberania popular, a igualdade e o bem-viver, o projeto e a própria contradição ainda vêm sendo mapeados por meio dos esforços das organizações supracitadas, mas ainda há muito que fazer para atingir a posição em que se proponha um projeto não só de reação, mas de substituição ao modelo de mineração em funcionamento por outra forma de organizar a coletividade e sua relação com a atividade mineradora.

A ofensiva da mineração também abarca a esfera ideológica e procura atrair para si a população das regiões mineradas por meio do discurso do progresso e desenvolvimento, criando a expectativa, em parte dela, da criação de empregos e de uma suposta melhora nas condições de vida, o que é propagado pelas mineradoras e agentes públicos. Um dos pontos estruturais dos conflitos minerários é que ocorre um consentimento conflituoso por parte da população local quando admite a instalação de um empreendimento de larga escala de mineração. O consentimento é conflituoso porque a instalação do projeto minerário acontece não obstante os vários questionamentos acerca do empreendimento com relação ao efeito na vida das populações, nos riscos que elas correm, no ambiente em que vivem etc. A maior parte deles não são sequer respondidos, que dirá resolvidos, e se mantém após o licenciamento, podendo levar inclusive à dissolução do frágil consentimento.

Um elemento que reforça o consentimento é o nível médio dos salários na mineração, que via de regra é mais alto do que os outros rendimentos dessas regiões. Também influencia na formação do consentimento conflituoso a arrecadação municipal e os efeitos multiplicadores da renda dos trabalhadores, ou seja, os serviços criados pela empresa e pelo consumo de seus trabalhadores.

O consentimento pode ser rompido por diversos fatores, entre eles as transformações próprias do mundo do trabalho, que dissolvem parte dos postos de trabalho (por meio da automação, mecanização, inovações tecnológicas etc.), variáveis de mercado (preço no mercado internacional, tributação, custos com infraestrutura etc.) ou condições geológicas (exaustão e/ou queda da qualidade da reserva mineral), ou ainda a convergência de todos esses fatores. Os muitos efeitos socioambientais também fragilizam a aceitação, assim como grandes desastres. Trata-se de um consentimento que, portanto, é incompleto.

Há uma relação de troca assimétrica no consentimento conflituoso. Muitos dos moradores das regiões mineradas sabem que a atividade mineradora pode gerar doenças, deteriorar as condições socioambientais da região e prejudicar a população local de diversas formas, inclusive atividades econômicas, mas aceitam os danos por esperarem em troca o emprego, seja formal ou não. Percebem a relação de troca assimétrica e a admitem com base nas promessas feitas pelas empresas e pelos entes públicos, que muitas vezes não se concretizam. De promessas não cumpridas são tecidas essas cidades da mineração.

Em *Pedro Páramo,* romance do escritor mexicano Juan Rulfo, o personagem Juan Preciado vai à cidade de Comala em busca de seu pai, Pedro Páramo, e encontra uma cidade habitada por fantasmas. Uma cidade composta por espectros das possibilidades perdidas, uma cidade abandonada, onde viceja o rancor das chances não aproveitadas, pelos erros de seus moradores contidos nas paredes das casas e nos cemitérios. As cidades de Minas Gerais que nasceram durante o ciclo do ouro são feitas dessa matéria, espectros da opulência de outros tempos e fantasmas das oportunidades não aproveitadas. A atividade mineradora cria cidades na mesma velocidade em que as destrói. Itabira, o berço da Vale e do menino antigo, é uma cidade cicatriz e dói. O rumo do livro nos leva à necessidade de debater a maior empresa mineradora criada no Brasil.

UMA PEDRA NO CAMINHO
A VALE S.A. E O PROBLEMA MINERAL BRASILEIRO

A COMPANHIA DO VALE DO RIO DOCE (CVRD) FOI FUNDADA EM 1942, como resultado dos Acordos de Washington entre os governos do Brasil (Getúlio Vargas), dos EUA (Franklin Roosevelt) e da Inglaterra (Winston Churchill) com o objetivo de fornecer ferro à indústria bélica desses países, que se encontravam em meio à Segunda Guerra Mundial. Com o intuito de criar uma empresa estatal especializada na exportação de minério de ferro, o governo Vargas criou a CVRD, agregando a seu patrimônio todas as jazidas de ferro que eram propriedade da *Itabira Iron Ore Company*, sucessora da *Brazilian Hematite Syndicate*; entre elas, mencionemos o Pico do Cauê, localizado na drummondiana Itabira, que detinha uma das maiores mundo; a Estrada de Ferro Vitória-Minas (EFVM) também se tornou propriedade da CVRD. No acordo, que poderia ser renovado até o final da Segunda Guerra Mundial, o governo estadunidense concederia financiamento de US$ 14 milhões, através do Eximbank (o mesmo banco que havia servido, em 1941, de fonte de financiamento para a criação da Companhia Siderúrgica Nacional – CSN), para a empresa comprar máquinas e equipamentos; a CVRD se comprometia a vender toda a produção de cerca de 1,5 milhão de toneladas de minério de ferro para a Inglaterra e Estados Unidos a preços abaixo dos praticados no mercado mundial; o governo britânico oferecia as jazidas de ferro da *Itabira Iron Ore Company* e o governo brasileiro se comprometia em modernizar a EFVM (Minayo, 2004).

Como a CVRD nasce com o objetivo principal de fornecer insumos ao mercado externo, a empresa depende do consumo desses países. Entretanto, a Segunda Guerra termina antes do fim da instalação da infraestrutura de extração mineral. Também ocorreram descarrilamentos do trem Vitória-Minas prejudicando o transporte do minério. Este contexto fez com que, de 1944 até 1946, a exportação de minério de ferro da empresa caísse de 127.194 toneladas para 40.962 toneladas. Este período ficou conhecido como *Época do Muque* (Minayo, 2004), durante a qual os métodos de extração, transporte e separação dos minérios eram rudimentares, o trabalho era feito com ponteiro manual, garfos de encher galeotas, tração humana e animal, carrinhos de mão, britagem braçal etc. Por isso exigia-se dos trabalhadores vigor físico, o que os tornou conhecidos como os *Leões da Vale*. Por isso, o tipo de mineração exercido era intensivo em trabalho, fazendo com que a produtividade dependesse do vigor e da aplicação dos trabalhadores. A maioria desses trabalhadores vinha da mina de Morro Velho, trazendo de lá a bagagem organizativa dos trabalhadores, o que foi uma das causas da primeira greve da história da CVRD, ocorrida em 1945. Pouquíssimo dessa greve ficou registrado, demonstrando a ação eficaz da própria empresa em desmemoriá-la da coletividade operária (Minayo, 2004). Segundo o pouco que se sabe, a partir da memória oral dos trabalhadores, eram quatro os líderes da greve e todos vieram da Morro Velho. Como eram capatazes, utilizaram de sua hierarquia intermediária para mobilizar os operários, destruindo alojamentos e oficinas. A reação veio por meio de um destacamento de 60 policiais de Belo Horizonte enviado à Itabira para repressão da greve. Os líderes foram demitidos e nada se sabe do rumo que tomaram após o episódio. De acordo com Maria Cecília Minayo (2004), a greve se tornou um dos primeiros tabus entre os trabalhadores da CVRD. A partir da década de 1950, inicia-se a substituição de maquinário da empresa, iniciando a mecanização da extração, transporte e beneficiamento e incrementando a produtividade. São introduzidas correias transportadoras e caminhões com capacidade de carga de 15 a 30 toneladas no lugar das carroças por tração animal; britadores giratórios, perfuradoras elétricas em vez de picaretas; balanças automáticas e escavadeiras. Essas inovações tecnológicas possibilitaram o fechamento de postos de trabalho e o maior controle das relações de trabalho. Traduzindo, ficaram para trás os métodos do processo produtivo da Morro Velho, abriu-se o caminho para a megamineração a céu aberto.

Em 1976, a Vale já era a principal empresa exportadora do Brasil. A demanda asiática pelos minerais exportados pela Vale se tornaram cruciais a partir da década de 1960 graças às usinas siderúrgicas japonesas, assim como as exportações para a Alemanha e EUA. A China adentra este rol nos anos 1970 e ocupa o centro da demanda a partir de fins da década de 1990.

O ápice da megamineração a céu aberto da Vale ocorreu por meio da exploração da maior província de minério de ferro do mundo – imensas jazidas de ferro, ouro, bauxita, manganês e cobre –, em Carajás, sudeste do Pará, cuja descoberta, em 1967, foi creditada ao programa da Companhia Meridional de Mineração, filial da United States Steel, mesmo que muitos relatos dos moradores já dessem notícia da presença de minerais no local. Em 1970, a CVRD associa-se à US Steel na exploração de Carajás, sob a denominação de Amazônia Mineração S.A. (AMZA). A associação dura até 1977, quando a US Steel se retira, sendo indenizada em US$50 milhões, e a AMZA é extinta em 1980. Em 1984, entra em funcionamento o Projeto Grande Carajás, parte do esforço dos grandes projetos da ditadura civil-militar. Estes podiam ser definidos como um conjunto de políticas públicas e investimentos direcionados à construção de infraestrutura para a produção e exportação de matérias-primas, incluindo hidrelétricas, portos e ferrovias. Daí a implantação da Estrada de Ferro Carajás (EFC), que leva os minerais de Parauapebas (PA) até o porto Ponta da Madeira, em São Luís (MA).

Os anos 1990, na América Latina, foram marcados por políticas de conteúdo neoliberal. Como parte dessa tendência, a CVRD foi um dos principais alvos no Brasil das privatizações, em boa parte como resposta a um evento ocorrido no limiar entre os anos 1980 e os anos 1990. A principal greve da história da empresa aconteceu em abril de 1989 e teve consequências que até hoje podem ser percebidas. Iniciada por conta de negociações salariais que se desdobraram por dois meses, a greve começou em Itabira, decidida em assembleia no estádio de futebol da cidade, resultando na paralisação dos trabalhadores e no bloqueio da EFVM. Apesar de breve – a greve durou cinco dias –, ela rompeu a ideologia colaboracionista entre empresa e trabalhadores estabelecida desde 1945. O evento foi um dos principais fatores que desencadearam o planejamento da privatização da empresa.

A financeirização pode ser definida como o processo no qual o modo de acumulação da riqueza se baseia no poder crescente do setor financeiro, composto por grandes bancos privados e suas *holdings*, organismos financeiros internacionais, agências de *rating*, fundos de investimento etc. Através do processo descrito no primeiro capítulo de diversificação das formas de se investir em *commodities* no mercado financeiro, ocorrido durante os anos 1990 e anos 2000, ocorreu a financeirização dos bens minerais. Como vimos, passaram a ser comercializadas em mercados futuros e de derivativos, o que fez com que a dinâmica global da formação de seu preço passasse em grande parte a ser definida nas negociações entre os agentes localizados nos mercados financeiros. Além disso, a lógica administrativa das mineradoras passa a ser pautada pela valorização nos mercados financeiros. A CVRD, em 1988, ainda na época da empresa estatal – lembrando que ela mudou sua razão social para Vale S.A. em 2007 –, começou a vender sua produção de minério de ferro no mercado futuro (BM&F Bovespa). Já privatizada, as ações da Vale passaram a ser comercializadas na

Bolsa de Valores de Nova York (NYMEX) a partir de julho de 2000.

A privatização ocorreu no dia 6 de maio de 1997. O vencedor do leilão foi o Consórcio Brasil, com subsídio do BNDES e liderado pela CSN, que incluía a Previ (fundo de pensão dos servidores do Banco do Brasil), a Petros (fundo de pensão dos servidores da Petrobras) e a Funcef (fundo de pensão dos servidores da Caixa Econômica Federal). Algumas consequências disso para os trabalhadores foram: a redução de salários e benefícios; diminuição da oferta de emprego e, portanto, decréscimo da participação do trabalho nos rendimentos da Vale; diminuição de postos de trabalho por conta da automação do processo produtivo; flexibilização das condições de trabalho por meio de terceirizações, fragilizando o sindicato.

Em decorrência da privatização da CVRD, foi criado em 10 de abril de 1997 o fundo controlador da CVRD, a Valepar. A Valepar como acionista majoritário (até 2017, detinha 53% das ações ordinárias, ações que têm direito a voto) podia eleger a maioria dos conselheiros da empresa e controlar o resultado de algumas de suas ações. Além dos fundos de pensão de servidores públicos, também faziam parte da Valepar a BNDES Participações S.A. (BNDESPAR) – subsidiária integral do BNDES, a *Mitsui & Co. Ltda*, a Bradespar S.A. – administradora de participações acionárias do Bradesco – e a Elétron S.A.

Uma iniciativa que altera decisivamente o controle acionário e a governança corporativa da Vale foi o novo acordo entre os acionistas, estabelecido em 2017, que só foi possível durante o governo Temer. Ele prevê a extinção da Valepar S.A. até 2020, vendendo as ações pertencentes à Valepar e pulverizando o controle acionário da empresa. Um dos objetivos do acordo era de que a empresa fosse aceita no segmento de listagem Novo Mercado da BM&F BOVESPA. Assim, a Vale teria a estrutura acionária semelhante a de outras multinacionais da mineração, como a BHP Billiton e a Rio Tinto. Portanto, foram fortalecidos, com a mudança na governança corporativa da empresa, os grandes fundos de investimento estrangeiros e os acionistas minoritários e perderam espaço os fundos de pensão dos servidores públicos.

O processo de financeirização da Vale tem como objetivo principal gerar valor para seus acionistas. A empresa passa a priorizar o desempenho financeiro em vez das atividades operacionais, algo exemplificado no fato de que os cargos de direção da Vale são geralmente ocupados por profissionais do mercado financeiro, que desconhecem a realidade da mina e as particularidades do processo extrativo mineral. Tal característica de gestão está associada diretamente aos evidentes problemas na manutenção e segurança de barragens da empresa, sobre os quais iremos falar no próximo capítulo.

A Vale, hoje, não é mais uma empresa brasileira, mas sim uma multinacional com sede no Brasil que possui operações, escritórios e *joint-ventures* em cerca de 30 países (com destaque para Canadá, Indonésia e Moçambique). O complexo minerário de Carajás é hoje o principal ativo da Vale. Com a instalação do Projeto S11D, a produção de minério de ferro aumentou em 90 milhões de toneladas anuais, e todo o sistema norte tem a capacidade de movimentar 230 milhões de toneladas de minério de ferro por ano. Isto possibilita a manutenção da Vale como principal produtora de minério de ferro do mundo. Além disso, a expansão de Carajás sinaliza a mudança do centro da acumulação extrativa da empresa de Minas Gerais para o Pará.

Por se tratar da maior empresa mineradora no país e por simbolizar o processo de financeirização, a Vale representa as contradições, assimetrias e danos causados pelo modelo institucional e econômico da mineração aplicado no Brasil.

São muitos os efeitos e danos causados pela atividade mineradora, em âmbito local, regional ou nacional, durante a instalação, funcionamento ou finalização do empreendimento. Decisões que influenciam o que ocorrerá nas regiões dependentes são tomadas mediante relações que pouco ou nada consideram os interesses das comunidades diretamente afetadas pelos empreendimentos minerários, da sociedade local e dos trabalhadores do setor. Trata-se de relações de poder, de um processo que decide – ou condiciona a decisão – o que ocorrerá na estrutura produtiva local exclusivamente a partir dos interesses de empresas multinacionais mineradoras e/ou mercados de *commodities* minerais. Logo, estas relações de poder definem que tipos de efeitos e condições afetarão a sociedade local, o meio ambiente e os trabalhadores e determina quem serão os atingidos por esses efeitos. Ela cria aquilo que Coelho (2017) denominou minério-dependência, que pode ser definida enquanto "situação na qual, devido à especialização da estrutura produtiva de um município, região ou país na extração de minerais" os rumos da estrutura local são definidos em centros decisórios alheios. É um fenômeno multidimensional econômico, político e social em que as necessidades, os interesses e ações de classes sociais localizadas em outras nações ou regiões de um mesmo país atuam em condição de hegemonia em regiões extrativas. É uma dependência econômica gerada pela atuação e expansão do setor mineral, mas carrega também decisiva estrutura de hegemonia política das grandes empresas mineradoras em contextos locais, regionais, estaduais e nacionais, nos quais os interesses dessas grandes empresas definem, pautam e condicionam os processos deliberativos desses territórios, num contexto formado por estratégias corporativas nos territórios minerados e em centros decisórios. Nos territórios, são usuais os patrocínios de festas, reformas de praças e oferta de cursos. Nos centros decisórios, os financiamentos de campanha e a ocupação de conselhos deliberativos.

A minério-dependência é um imenso problema que devemos encarar, e não ignorar, mas com a devida compreensão de seu conteúdo. Caracterizada pela situação de hegemonia das grandes mineradoras, a situação de minério-dependência impõe às populações dos municípios minerados a dependência concreta pelos postos de trabalho, fluxos de renda e arrecadação criados pela atividade, pois estas pessoas necessitam da renda e dos empregos na mineração para sobreviver. Nestes municípios, nas cidades sedes e distritos, a população sonha com o emprego, teme o desemprego e tende a compor o elo mais frágil dessas relações de poder. Precisam desses empregos por motivos básicos e óbvios, ao mesmo tempo que não vislumbram alternativas, em parte porque foram destruídas ao longo do processo de formação da minério-dependência. Em Congonhas, por exemplo, 40% dos empregos formais estão concentrados no setor de mineração. Mesmo sendo uma atividade intensiva em capital, com altas taxas de automatização e mecanização, com grande parte de sua mão de obra proveniente de outras regiões fora do local de mineração, os poucos empregos em termos absolutos e relativos ocupam um amplo espaço da estrutura produtiva local. Por conta da dependência pelos empregos e arrecadação, fragiliza-se o possível questionamento feito por comunidades e pela população em geral aos projetos minerários, o que também enfraquece a criação de resistências aos empreendimentos de mineração. O anseio por ocupações na atividade e o temor que a paralisação da atividade gere efeitos deletérios sobre a arrecadação municipal leva a população local a aceitar muitos dos efeitos causados pela mineração. O desejo por ocupação na mineração e o receio da demissão ou fechamento dos postos existentes desmobilizam comunidades que vivem diretamente os danos gerados pela mineração.

Além disso, a concentração de empregos formais locais e níveis salariais acima da média regional compelem a população a desejar um posto de trabalho no setor, mesmo que aqueles ocupados pela mão de obra local sejam os com menor necessidade de qualificação, salários menores do setor e piores condições de trabalho, geralmente nos setores de limpeza, construção e manutenção.

Obviamente, outras atividades poderiam fornecer os meios dessa sobrevivência, mas a própria situação de minério-dependência causa desestruturação produtiva de alternativas econômicas, ao longo de seu desenvolvimento, sabotando e limitando outros setores econômicos. Dentro desse processo, atividades que antes eram desenvolvidas nas regiões desaparecem ou recuam porque recursos públicos passam a ser direcionados à mineração ou, ainda, porque a atividade mineradora altera as condições naturais e socioeconômicas das regiões. Impactos decorrentes da atividade, como inchaço populacional, alteração da oferta e da dinâmica hídrica, a ocupação de territórios, a poluição aérea, sonora e de águas superficiais e subterrâneas contribuem para a sabotagem e inanição de alternativas econômicas. Portanto, a dependência não é algo dado por uma suposta vocação natural das regiões que apresentam jazidas minerais, mas é criada, reproduzida e aprofundada ao longo do funcionamento da atividade mineradora.

Os efeitos e danos de diversos tipos, inclusive, empobrecem parcela relevante da população dessas regiões, justamente por desestruturar atividades produtivas que, antes da instalação do empreendimento, detinham as condições para funcionamento. Em geral, a agricultura familiar, a pesca, a produção de laticínios e produtos artesanais, além do turismo, são alguns dos principais prejudicados. Todo este processo reforça a própria minério-dependência criando um ciclo de reprodução desta.

Um dos efeitos deste largo processo é a concentração da renda mineira nas mãos de grandes empresas mineradoras, seus acionistas e intermediários do mercado financeiro. Em 2018, as receitas em Brumadinho oriundas da CFEM pagas pela Vale foram de 16,5 milhões de reais, o que corresponde a 26,4% da CFEM total paga em Brumadinho, a 10,5% das receitas correntes do município, a 3,4% do valor das operações da Vale em Brumadinho e 1,6% do valor das operações da Vale e controladas em Brumadinho. A desigualdade na apropriação da renda mineira fica evidente com esta comparação entre a CFEM arrecadada pelo município e o valor das operações da mineradora em Brumadinho. Isto também está evidenciado nas faixas salariais do setor extrativo mineral, em Brumadinho. Apesar dos salários altos de uma parte da força de trabalho na mineração, cerca de 55% dos postos de trabalho no município têm remuneração abaixo de dois e meio salários mínimos. Ainda, 17 funcionários do setor recebem acima de 20 salários mínimos, enquanto 1.562 funcionários estão abaixo dos cinco salários mínimos.

Enfim, podemos resumir o ciclo da minério-dependência no seguinte fluxograma:

Fluxograma 1 – O ciclo da minério-dependência

Fonte: Elaboração própria

Esta confluência de fatores reproduz a dependência, e quanto mais inserido o município na megamineração, mais difícil a formação de alternativas. Uma analogia possível é a de um buraco, ou área de cava, que vai sendo cavado aos pés da população local, e quanto mais profunda a cava, mais difícil se torna a saída. Assim funciona a minério-dependência, uma imensa cava com escassas possibilidades de fuga.

As necessidades fiscais de Minas Gerais e dos municípios minerados, assim como a falta de planejamento, levaram o estado a horizontes temporais encurtados. A atividade econômica óbvia é reproduzida por décadas, às vezes séculos, sem que se vislumbrem outros caminhos, não obstante os problemas causados pela atividade. O estado de inércia econômica só é alterado quando as reservas minerais são exauridas ou a extração quando se torna inviável economicamente; em casos mais extremos, quando ocorrem acontecimentos de larga escala, tais como rompimentos de barragens de rejeitos.

Negar estes fatores básicos traduzidos em forma de dados de fácil acesso é negar o problema. É desconsiderar o depoimento de milhares, talvez milhões de pessoas, que repetem esse fato problemático em regiões mineradas. Em última instância, negar isso é se afastar da própria realidade social dessas regiões. Constatado esse panorama, a postura a ser adotada não é a de validar a atividade mineradora em seu atual molde, mas a de lutar pela formação de formas autônomas de sociedade e economia que contrariem a minério-dependência. A autonomia dos povos das regiões mineradas passa pela organização política e também pela criação de alternativas econômicas que auxiliem na formação de novas formas de produzir e viver. Existem diferentes maneiras de organizar a atividade mineradora. A hegemonia de mercado na determinação do modelo de mineração e as demandas da Vale S.A., quando plenamente atendidas e não questionadas, reforçam as condições socioeconômicas típicas do subdesenvolvimento. O neoxtrativismo minerador enquanto modelo de desenvolvimento reforça as características socioeconômicas próprias do subdesenvolvimento.

O músico e crítico literário José Miguel Wisnik (2018) descreve assim a paisagem de Itabira, onde ficava o antigo Pico do Cauê, a montanha dos Andrades que servia de bússola no horizonte para o jovem Carlos Drummond de Andrade, e que se apequena na medida em que cresce a empresa: "a montanha do Cauê, cuja efígie o lugar nos induz a ver pelo vestígio de sua localização espectral, não está mais lá, a não ser como presença alucinada de uma ausência". Da serrania azulada, o Pico do Cauê, esta montanha de todos os Andrades que passaram por Itabira, foge "britada em bilhões de lascas" e transportada pelo trem-monstro; já estava evidente para Drummond, através do "mísero pó de ferro" que fica no corpo, os amplos e profundos efeitos da atividade mineradora. É da ausência do que poderia ter sido que pensamos a mineração no Brasil, pois o que poderíamos ter sido faz parte daquilo que somos, a ausência da montanha se conecta por relação dialética ao mundo real. As potencialidades desperdiçadas, de trajetos possíveis e não trilhados, devem fazer parte da avaliação daquilo que aconteceu e acontece, feito espectro de mundos possíveis que ficaram para trás. A pedra no caminho de Drummond era justamente a Vale do Rio Doce, sobre a qual o poeta escreveu inúmeros artigos críticos durante os anos 1950 e 1960. Agora, a imensa pedra no caminho é uma barragem de rejeitos.

UM SEGUNDO DILÚVIO
OS ROMPIMENTOS DE BARRAGENS

UM SEGUNDO DILÚVIO ATINGIU O POVO DE MINAS GERAIS.

O inominável voltou a ocorrer, arrastando histórias, terra e gente. Muitos foram os que indagaram sobre o que não aprendemos com o rompimento da barragem de Fundão. Afinal, não aprendemos com os erros na barragem de Fundão? Melhor, quem não aprendeu? Além de interrogar sobre o sujeito que cometeu os erros, devemos perguntar: o que há de estrutural na mineração brasileira que repete o rompimento de barragens? Do que é feita a linha trágica que une Fundão à Barragem I?

Apesar dos dois rompimentos terem sido compreensivelmente o centro das atenções da sociedade brasileira para o debate acerca da mineração, o problema da atividade mineradora é mais amplo e complexo. São centenas de barragens, minerodutos, pilhas de estéril, minas, usinas, ferrovias, portos e outras infraestruturas com efeitos perniciosos sobre os trabalhadores e as populações. A chave para compreender essa estrutura geradora de rejeitos e mortes está no aparato institucional e econômico que organiza a atividade mineradora no Brasil. O rompimento da Barragem I, em Brumadinho, é efeito sistêmico de um tipo de organização da mineração no país, e não um caso isolado. Desde 2001, com o rompimento da barragem da Mineração Rio Verde, em Nova Lima, foram oito grandes rompimentos de barragens de rejeitos de mineração em Minas Gerais (Milanez *et al.*, 2019). O Ministério Público de Minas Gerais (MPMG) destacou que das 425 barragens de mineração inseridas na Política Nacional de Segurança de Barragens (PNSB), 56 têm problemas de estabilidade, sendo que 36 estão localizadas em Minas Gerais (Lei.A, 2019).

Neste momento, importa explicar resumidamente o processo de beneficiamento dos minérios e de geração de rejeitos. Após a extração, existe um encadeamento de operações que buscam separar o mineral de interesse de outras substâncias. No Brasil, a tecnologia mais utilizada para os minerais ferrosos é a "via úmida", na qual a separação ocorre por diferença de densidade. Esse processo consome grande quantidade de água e gera rejeitos na forma de lama. Estes são a parte que não tem valor de mercado – ao menos imediatamente, já que as inovações tecnológicas vêm possibilitando o aproveitamento de partículas ultrafinas (Gomide *et al.*, 2018) presentes ali. Há, por conta disso, a necessidade de se construir barragens que sirvam como reservatórios para deposição destes rejeitos; atividade de elevado risco, principalmente devido à intensidade dos efeitos causados no caso de falhas. O teor de pureza é a quantidade (porcentagem) de um determinado mineral em um minério ou rocha; quanto maior o teor de pureza, maior a qualidade de dado material. No minério de ferro é entendido como material de alta qualidade o teor de 66%, tal como encontrado em Carajás e em algumas minas de Minas Gerais. O teor de pureza dos minérios no estado do Sudeste foi diminuindo ao longo do tempo devido à intensa exploração de suas reservas. Quanto maior o teor de pureza, menor será a geração de estéril e rejeito, e quanto menor o teor, a tendência é a de um maior volume de rejeitos. O estéril é o "material (solo e rochas) que é descartado diretamente da operação de lavra, sem passar pelas usinas de beneficiamento" (Gomide *et al.*, 2018). Em Minas Gerais isso aumentou em parte por conta da expansão da extração de minerais – durante o *boom*, buscando aproveitar o momento de alta nos preços, e mesmo no pós-*boom*, quando houve a tentativa de compensar a queda da receita com o incremento da produção –, mas também por causa da diminuição do teor de pureza. Assim, as dimensões de extração mineral, no Brasil, estão associadas diretamente à expansão das barragens de rejeitos, seja pela quantidade de barragens, seja pelo aumento da capacidade de armazenamento das barragens já existentes.

Desde o rompimento da Barragem I, na mina do Córrego do Feijão, uma série de comunidades localizadas em Zonas de Auto Salvamento (ZAS) e Zonas Secundárias de Salvamento (ZSS) foram evacuadas para os municípios de Barão de Cocais, Congonhas, Itabirito, Itatiaiuçu, Nova Lima e Ouro Preto (Milanez *et al.*, 2019). Estes processos foram marcados, principalmente, pela falta de comunicação por parte das empresas; houve casos em que os moradores não foram devidamente informados sobre o real motivo da evacuação. Além disso, não houve um cronograma definido para retorno dessas pessoas, nem um plano de ação concreto de medidas corretivas (Milanez *et al.*,

2019). Com o *boom* das *commodities*, como debatido, tornou-se viável economicamente explorar minerais onde antes não havia condições, o que levou à expansão da extração no setor minerador, com consequente expansão do volume total de rejeitos, particularmente em Minas Gerais. No caso da barragem de Fundão, propriedade da Samarco (*joint-venture* de Vale e BHP Billiton), com o rompimento no período de pós-*boom*, o ciclo de baixa do preço do minério de ferro no mercado global se mostrou importante elemento de explicação (Zonta *et al.*, 2016). Estudos mostram que a oscilação dos preços causa instabilidade e mudanças produtivas que podem levar a rompimentos de barragens de rejeitos. Para aproveitar os picos dos preços dos minerais, as obras são aceleradas sem se considerar as medidas de segurança necessárias. Também utilizavam financiamento disponível para expandir e instalar empreendimentos minerários, o que aumentava o endividamento das mineradoras. Nos períodos de baixa nos preços, devido à queda das receitas e ao alto endividamento criado no período anterior, impõem-se esforços para diminuir os custos. Dessa forma, gastos com manutenção e segurança acabam sendo preteridos em nome da rentabilidade das minas. O esforço tem como objetivo diminuir gastos ambientais e trabalhistas, além de diminuir gastos de manutenção com as barragens de rejeitos. Chama a atenção o ritmo intenso de construção e expansão da barragem de Fundão. Ela recebeu licença de operação em 2008, e em 2011 já apresentava o Estudo de Impacto Ambiental e Relatório de Impacto Ambiental (EIA--RIMA) de otimização da barragem. As obras previam a elevação da crista da barragem (alteamento), além de um novo extravasor, drenagem interna, sistema de adução de rejeitos e relocação de interferências, como bueiros. Sobre as obras para aumento da capacidade da barragem, o relatório afirma que a velocidade de alteamento entre 30 de julho de 2014 e 26 de outubro de 2015 foi de 12,3 metros/ano; a taxa recomendada para o setor fica entre 4,6 metros e 9,1 metros/ano. É interessante destacar que as obras e o rompimento ocorreram no pós-*boom* da mineração, quando as *commodities* estavam com preços baixos; isso, com o endividamento da empresa Samarco, a pressionava a diminuir os gastos com segurança e manutenção da barragem.

No entanto, o mesmo processo não foi identificado no caso da Barragem I, em Brumadinho. Neste, a correlação identificada pela literatura entre teor de minério e o risco de rompimentos muito graves de barragens se mostrou como uma hipótese melhor para explicar o que aconteceu (Milanez *et al.*, 2019). Assim, para Dekker (2014), minas com menor teor de minério não apenas necessitariam de barragens proporcionalmente maiores, por gerarem proporcionalmente mais rejeito do que em minas com minério de maior teor de pureza, como também teriam custos operacionais relativamente mais altos devido à necessidade da gestão de maiores volumes de estéril e rejeito. Tal condição diminuiria as margens de lucro dessas minas e geraria maior pressão pela redução de custos operacionais. Os dados obtidos sobre o planejamento da expansão do Complexo Paraopeba II, em Brumadinho, indicaram que ele se encontrava próximo ao seu esgotamento e que a Vale tentava ampliar sua vida útil, o que necessitaria de uma gestão rigorosa de custos para garantir sua viabilidade econômica (Milanez *et al.*, 2019). Além disso, a capacidade das pilhas de estéril e barragens estava próxima ao seu limite, o que também apontava para a necessidade de gastos mais elevados de operação e soluções visando à manutenção da utilização dessas infraestruturas. Ainda, a Barragem I apresentou problemas desde sua construção, em 1976, que não foram corrigidos pela Vale. Documentos acerca da manutenção da barragem confirmavam trincas, rachaduras e entupimentos no sistema de drenagem, piezômetros (equipamentos para medir a pressão) estavam danificados, a não manutenção da extensão mínima da praia de rejeitos (parte dos rejeitos que é adensada, formando a base para outros alteamentos) e falta de documentação sobre o maciço inicial da barragem. Elementos que aumentavam a probabilidade de um rompimento foram negligenciados por objetivos de curto prazo, que buscavam manter as margens de lucro da mina. Nessa estrutura de geração sistêmica de barragens e rejeitos, um dos principais métodos de alteamento utilizados foi o alteamento a montante. Em geral, o método para montante é o mais arriscado para o alteamento das barragens por utilizar o próprio rejeito como fundação de sua expansão. Construído um dique inicial, os rejeitos são descarregados e, com o tempo, criam uma parte adensada (a praia de rejeitos) que servirá como fundação para outros diques de alteamento, que serão construídos com o próprio material do rejeito. Por utilizar o próprio rejeito como fundação, o método para montante exige um gasto menor, ao mesmo tempo que é o com maior probabilidade de sofrer vazamentos e rompimentos.

A situação é ainda mais preocupante no caso de barragens paralisadas, que não geram benefício marginal algum e oneram a empresa com custos fixos de manutenção e monitoramento. A depender das condições geotécnicas da barragem (estado dos aparelhos, liquefação, erosão etc.), podem surgir gastos adicionais. Em contrapartida, principalmente em países periféricos, muitas vezes são desprezados a manutenção eficiente e os efeitos e custos de um possível rompimento, o que é justificado pelo sistema ineficiente de fiscalização, falta de punição por conduta ilícita e necessidade econômica local de continuação do empreendimento, levando as mineradoras a calcular e comparar os gastos gerados por um rompimento com os gastos dedicados à manutenção recomendada da barragem. A Vale precificou as mortes decorrentes de um possível rompimento de barragens no Complexo do Feijão (Hackbardt, 2019). Em boletins internos da empresa, cada vida geraria um gasto de R$ 2,6 milhões. Assim, entre previsões de custos, receitas e lucros, as empresas mineradoras com o respaldo dos órgãos públicos definem quem pode morrer e qual será o preço a ser pago. Um elemento identificado no aparato institucional da mineração no Brasil que reforça a possibilidade de rompimentos é o automonitoramento. As inspeções técnicas são insuficientes para o monitoramento de barragens porque a inspeção é contratada pela própria empresa. A realização de auditorias externas da Barragem I, feitas inclusive por empresas estrangeiras, comprovam o flagrante conflito de interesses e enviesamento desse mecanismo. Numa relação em que a contratada produz dados de acordo com as demandas da contratante, a fiscalização e o monitoramento se tornam maleáveis aos interesses da empresa. Ou seja, a contratação de consultoria supostamente independente tem se mostrado bastante dependente das demandas das empresas, justamente porque são elas as contratantes.

O deficiente monitoramento das barragens de rejeito de mineração é agravado pelo sucateamento progressivo da Agência Nacional de Mineração (ANM). Dificilmente esse processo será revertido tendo em vista a aplicação da Proposta de Emenda à Constituição n. 55, de 2016, a chamada "PEC dos Gastos Públicos", que congela os investimentos do governo federal por 20 anos. Segundo estudo do Instituto de Estudos Socioeconômicos (INESC), em 2018, foram gastos apenas R$ 4,9 milhões para "fiscalização mineral em áreas tituladas" em todo o país, incluída a fiscalização das barragens (Cardoso, 2019). Outro elemento estrutural da mineração no Brasil são os EIA-RIMA, documentos que devem ser apresentados pelas empresas no processo de licenciamento ambiental estimando impactos potenciais dos empreendimentos. Eles costumam avultar possíveis benefícios gerados pelos empreendimentos minerários e minimizar os danos. O EIA da barragem de Fundão, por exemplo, subestimou a abrangência de impactos negativos que, após o rompimento, se mostraram mais amplos do que havia sido diagnosticado. De acordo com o documento, o impacto causado pelo rompimento da barragem de Fundão se limitaria a Bento Rodrigues. Mas como vimos em 2015, os impactos foram muito além da comunidade (Zonta et al., 2016). É de interesse das empresas mineradoras omitir informações acerca das operações e condições da infraestrutura, como a elevação da probabilidade de rompimento de uma barragem de rejeitos ou a abrangência dos impactos, pois a revelação dessas informações pode inviabilizar temporária ou definitivamente um empreendimento. A convivência dos órgãos estaduais e federais responsáveis pela fiscalização e licenciamentos reforça o enviesamento do processo. Há a subestimação dos danos efetivos da atividade durante os licenciamentos, encarados apenas como mais uma etapa burocrática, sem se colocar realmente a possibilidade de negar a licença. Além disso, a fragmentação e aceleração dos licenciamentos e a fiscalização insuficiente e enviesada favorecem as mineradoras. Ainda, muitos empreendimentos carregam centenas de condicionantes dos licenciamentos anteriores, que deveriam ser atendidas durante a operação do empreendimento, postergando os problemas identificados no licenciamento, acelerando o processo de instalação e expansão dos empreendimentos.

As formas de estruturar a relação de dependência política, no contexto da minério-dependência, vão desde o *lobby*, o financiamento de campanhas eleitorais (proibido após a eleição de 2014), a porta giratória – que intercambia diretores de mineradoras e dirigentes dos principais órgãos públicos responsáveis pela atividade mineradora – e a ocupação majoritária de centros deliberativos que definem as condições da mineração no país. Um dos resultados dessa ação política foi a criação do Licenciamento Ambiental Concomitante (LAC1), no legislativo de Minas Gerais. O LAC1 consiste na unificação do Licenciamento Ambiental Trifásico (LAT), formado por Licença de Prévia, Licença de Instalação e Licença de Operação. Dessa forma, empreendimentos com alto potencial de impactos passam pelo licenciamento sem que haja a possibilidade de serem analisados, debatidos e evitados.

Vimos que a dependência da economia local pela arrecadação gerada pela mineração e pelos postos de trabalho dificulta a contestação por parte da população local acerca das medidas de segurança relativas às barragens de rejeito. O tom de ameaça das empresas é constante ao anunciarem que irão paralisar a produção e abandonar a região devido à fiscalização e os custos decorrentes dessa. O sindicato dos trabalhadores fortalecido também é capaz de questionar a empresa em relação às condições de trabalho, incluindo a manutenção e o monitoramento de barragens, entretanto, sua decadência enfraquece a fiscalização do ambiente de trabalho feita pelos próprios trabalhadores.

Em suma, o rompimento da barragem da Vale não é episódio isolado ou mero acidente. A utilização de tecnologias menos eficientes e custosas, o automonitoramento, a fiscalização falha, o licenciamento tendencioso, a flexibilização das legislações trabalhista e ambiental, as punições brandas, a ausência de participação popular e a baixa transparência do processo decisório, a dependência econômica, a relação de subordinação com os mercados financeiros, compõem o panorama da tragédia. Essa estrutura evidencia a assimetria nas relações entre a Vale, o Estado, os trabalhadores e as comunidades. Devido a essa desigualdade de recursos, que são financeiros e políticos, as instituições que deveriam fiscalizar e controlar a atividade se omitem de suas funções. Analisando os resultados gerais desde o rompimento de Fundão, mas também considerados outros rompimentos de barragens neste século, as instituições no Brasil e em Minas Gerais, em particular, não só têm falhado em evitar e punir crimes das mineradoras como demonstram em parte recompensá-las oferecendo a gestão do processo de reparação. Apesar da conduta ilícita da Samarco, que resultou no rompimento de Fundão, à empresa foi dada a função de gerenciar o processo reparatório de violações – por meio da Fundação Renova – que ela própria cometeu. Dessa forma, é de se esperar que novos crimes ampliados ocorram. Apesar de algumas instituições terem se dedicado a impedir a conduta criminosa das mineradoras, estas foram sobrepujadas pelo *lobby* da mineração no Congresso e pelos órgãos de posição contrária dentro do arcabouço institucional. Pela repetição sistemática de crimes do setor, é possível dizer que o aparato institucional ampara tal conduta. No entanto, cabe perguntar: o que fazer? Acabar com a atividade mineradora ou organizá-la de outra forma? É com essa pergunta em mente que nos direcionamos para o próximo capítulo.

Em *Sarapalha* (1967), Guimarães Rosa conta a história de uma vila, nos arredores do rio Pará, um povoado que deixaram por abandonado: "casas, sobradinho, capela; três vendinhas, o chalé e o cemitério; e a rua, sozinha e comprida, que agora nem mais é uma estrada, de tanto que o mato a entupiu". A malária dizimou aos poucos o povoado alastrando a "tremedeira que não desamontava – matando muita gente". O cezão avançava a cada ano "um punhado de léguas", desengordando devagarinho um rio, "deixando poços redondos num brejo de ciscos" e os "cardumes de mandis apodrecendo". A malária destrói Sarapalha, a atividade mineradora é o anátema de Minas Gerais e o mundo se desfaz ao redor das vilas. Mesmo assim, as pessoas sobrevivem.

UMA FLOR NASCEU NA RUA
CONSTATAÇÕES E IDEIAS PARA A LUTA

DAS PERIFERIAS DAS REDES GLOBAIS DE PRODUÇÃO, DO INÍCIO

das cadeias produtivas, do lixo ocidental, vislumbramos caminhos possíveis que invertam as lógicas globais/locais de extração dos minérios e do ser humano. Se o *boom* das *commodities* justificou a expansão da mineração, afetando territórios, águas e pessoas, a contradição deste movimento é a organização dos povos expulsos de suas terras, dos agricultores que perderam o acesso à água e dos trabalhadores explorados.

Chegamos ao último capítulo deste livro, e algumas perguntas ainda vicejam: afinal, o que nos impede de mudar radicalmente o quadro institucional e econômico da mineração no Brasil? O que nos silencia? E, por fim, o que propor em busca de um novo modelo de mineração?

O objetivo desse capítulo é o de animar o debate e a luta com algumas proposições. Os seguintes paradigmas guiam nossas ideias e reflexões. A vida boa para todos/as é de extrema importância e contraria a visão economicista da sociedade. Trata-se de entender que a vida vale a pena ser vivida em todas as suas dimensões e que por isso devemos orientar as formas de produção dos bens, a reprodução social e os bens públicos para garantir a qualidade de vida a todos. Nessa perspectiva, é preciso pensar o ser humano em sua integralidade. Os bens naturais devem ser compreendidos enquanto bens comuns, e não como propriedade privada. Sua utilização ou preservação deve prezar pela garantia e soberania dos bens compartilhados pelos povos e gerações vindouras.

A igualdade e a diversidade trilham nosso caminho. Devemos superar as condições de opressão, exploração e desigualdade buscando engendrar novas relações sociais. A democracia, a participação popular e a autonomia são as características do novo processo decisório. Para tanto, é preciso ressaltar o sentido público do Estado, retirando-o da condição de simples garantidor de direitos, para estabelecer como prioridade prestar serviços de qualidade ao povo brasileiro.

A soberania nacional e a luta contra a pobreza e a miséria apontam um caminho para o desenvolvimento no qual a apropriação da riqueza seja justa, atenda às necessidades do povo e em que os compromissos sociais submetam a lógica da economia de mercado. Esses paradigmas são referências gerais para o um Novo Modelo de Mineração. Assim, guiados por isso, elencamos as seguintes medidas para uma nova forma de organização da mineração no Brasil.

1) CRIAÇÃO E UTILIZAÇÃO DE CANAIS DE DELIBERAÇÃO MUNICIPAIS/SUBMUNICIPAIS DE CONTROLE POPULAR SOBRE A MINERAÇÃO

O processo de regulação da atividade deve contar com atuação central das comunidades. Isto só será possível com a criação de canais deliberativos pautados pelos interesses dessas comunidades. As populações das regiões mineradas e os trabalhadores da mineração são os principais agentes envolvidos e afetados pela atividade mineradora, tais como: a população local, ribeirinhos, populações tradicionais, pescadores, quilombolas e populações indígenas. Por isso, as demandas destes grupos devem ser elementos centrais durante qualquer processo deliberativo acerca da atividade. Devido a sua amplitude, tais medidas só poderão ser tomadas caso estejam conectadas a um esforço coletivo que envolva uma proposta popular para o país. Para criar e qualificar os canais de deliberação com participação democrática, somos a favor da criação dos conselhos nacional, estaduais, regionais, municipais e submunicipais de mineração. Esses devem ser os fóruns para as decisões relativas à atividade mineradora no país. Por isso, importa desenvolver estratégias visando colaborar para que o povo esteja no centro do debate sobre a mineração no Brasil. Este processo desenvolve-se a partir do acesso à informação, ao conhecimento e da participação também no processo decisório.

Vale destacar que os conselhos submunicipais são de suma importância devido à assimetria de recursos econômicos e políticos (recursos e redes de apoio externos) que reforçam o controle dos conselhos por determinados agentes – inclusive em conselhos municipais. Em grande medida, a escala municipal de operação da política representativa é insuficiente para dar representatividades às demandas de comunidades afetadas pela mineração. A descentralização de poder político e de recursos econômicos para o nível das comunidades seria uma inovação institucional muito importante para suportar a efetividade de conselhos desse tipo – submunicipais. Detalhamos que não se trata de criar um novo nível administrativo, mas sim que é preciso transferir certos poderes e recursos dos níveis municipal, estadual e federal para as comunidades.

2) POSSIBILIDADE DE SEREM CRIADAS ÁREAS LIVRES DE MINERAÇÃO

Propõe-se criar meios de consulta direta às populações anteriores à instalação de grandes projetos mineradores, a considerar projetos de mineração que interfiram de forma decisiva na estrutura social local. Esse procedimento é necessário tendo em vista o limitado poder de consulta e deliberação do atual licenciamento de projetos de mineração no país. Essas populações devem ter o direito de dizer "não" aos projetos de mineração. Caso a ser tomado como exemplo é o ocorrido em Cajamarca, na Colômbia, onde a população do município organizou um plebiscito para consultar seus moradores a respeito da instalação de uma grande mina a céu aberto para a explotação de ouro, o projeto *La Colosa*, de propriedade da multinacional *Anglo Gold Ashanti*. O resultado final foi 97,92% de votantes contra a instalação da mineradora. Importante dizer que não existem na legislação brasileira mecanismos legais que levem especificamente à institucionalização das Áreas Livres de Mineração, mesmo que existam modalidades próximas, com as devidas restrições à atividade mineradora, tais como Terras Indígenas, Parques Nacionais, Reservas Extrativistas, Áreas de Fronteira etc. As Áreas Livres de Mineração comporiam uma nova categoria jurídica. Por isso, trata-se de um debate novo, ao mesmo tempo que se faz urgente tendo em vista a desigualdade nos processos deliberativos acerca da mineração.

Junto à instauração de Territórios Livres de Mineração, programas específicos para o estímulo de atividades econômicas podem ser colocados em prática considerando as potencialidades de cada região. Essa seria uma forma de se evitar que as populações dessas regiões se tornem reféns do discurso dos empregos e arrecadação gerados pela atividade mineradora.

3) AMPLIAÇÃO DA CAPACIDADE DE FISCALIZAÇÃO E MONITORAMENTO DO APARATO ESTATAL

Por se tratar do principal órgão de fiscalização da atividade mineradora, é preciso reforçar a capacidade de atuação da ANM, com a abertura de concurso público, já que o órgão encontra-se sucateado e com falta de funcionários. Os órgãos estaduais e municipais responsáveis pelo licenciamento, monitoramento e fiscalização devem também ser alvo de rigorosos esforços. Devido ao contingenciamento de recursos direcionados à ANM, urge a revogação da Emenda Constitucional n. 95, de 2016, "PEC do teto dos gastos".

4) CRIAÇÃO DE AMPLA POLÍTICA PÚBLICA ACERCA DO MONITORAMENTO E FISCALIZAÇÃO DE BARRAGENS DE REJEITO DE MINERAÇÃO, ALÉM DE INFRAESTRUTURAS CONEXAS, TAIS COMO MINERODUTOS

I – A redução do uso de água em todo ciclo minerário e a maximização do aproveitamento dos materiais rochosos extraídos deve servir como balizamento para o licenciamento ambiental. Por isso propomos que o Estado estabeleça um limiar tecnológico para o beneficiamento e tratamento de minérios realizados pelas empresas;

II – Deve ser obrigatória a utilização de tecnologias mais eficientes na extração, beneficiamento, transformação e transporte de bens minerais, tais como deposição em cavas exauridas, espessamento da lama em pasta, empilhamento por secagem, métodos de filtragem de rejeitos geotêxtil ou por pressão e vácuo, dentre outros, evitando o beneficiamento por via úmida;

III – Deve ser proibido o alteamento de barragens de rejeitos por método para montante;

IV – Criação de um limite para tamanho máximo de barragem e proibição de barragens em localidades que tenham população em ZAS;

V – Tornar obrigatório o processo de beneficiamento a seco para minas novas (no caso de minérios para os quais existe tecnologia disponível), evitando a construção de novas barragens de rejeito;

VI – A contratação de consultoria independente tem se mostrado ineficaz. Como vimos, a contratada produz dados de acordo com as demandas da contratante. Por isso, é importante acabar com o automonitoramento, as mineradoras não devem ter o poder de escolher seus auditores. Propomos a criação de um sistema de sorteio através de uma lista de empresas/pessoas credenciadas junto à ANM que receberiam a tarefa de auditar as barragens de rejeito;

VII – Criação de número máximo de barragens por bacia hidrográfica. Deve-se considerar que os rompimentos atingem rios e bacias que muitas vezes sofrem danos irrecuperáveis. Por isso é preciso que haja um limite máximo de barragens por bacia hidrográfica;

5) RELATIVO À DIVERSIFICAÇÃO ECONÔMICA E A RENDA MINEIRA, PROPOMOS AS SEGUINTES MEDIDAS

I – Incentivos à diversificação econômica das regiões mineradas. A criação de Fundos de Diversificação Econômica dos Municípios Minerados, um de gestão federal e outros de gestão de cada estado e município minerado, destinado à criação e incentivo de atividades econômicas para outras atividades. Nos municípios que apresentem a atividade mineradora em sua estrutura econômica, sendo que, quanto maior a presença relativa da mineração na arrecadação municipal, maiores serão os recursos disponibilizados para a criação de alternativas econômicas. Os Fundos financiariam atividades econômicas que não estejam diretamente ligadas à atividade mineradora e/ou na cadeia produtiva da mineração (fornecimento de bens e serviços). Essas atividades deverão ter caráter popular e local, serem intensivas na criação de postos de trabalho, tais como: agricultura familiar, agroecologia, turismo, empresas de pequeno porte, economia solidária, pesquisa e desenvolvimento, ensino, ciência e tecnologia. Os recursos dos Fundos também servirão para, nos períodos de baixa dos preços dos minerais no mercado internacional, quando a arrecadação cai, a prefeitura não ter perda na qualidade dos serviços públicos. Os recursos terão origem no aumento da percentagem da CFEM;

II – Aumento da percentagem da CFEM. A CFEM deve ser aumentada, mesmo com a mudança na base do cálculo da CFEM, que passou a incidir sobre a receita bruta da venda, deduzidos os tributos incidentes sobre sua comercialização, após o lançamento da Medida Provisória 789, convertida na Lei n. 13.540, de 2017. A percentagem utilizada depende do mineral explorado, chegando ao máximo de até 3,5%, na nova legislação. Em termos comparativos, internacionalmente, a CFEM no Brasil ainda é demasiadamente reduzida. Por isso, defendemos o seu incremento.

III – Repasse para saúde e educação. É necessário que os municípios destinem parte dos recursos arrecadados com a CFEM à saúde e à educação. Na atual legislação, os recursos da CFEM, em nível municipal, não são vinculados, podendo ser utilizados para os mais diversos tipos de despesas, o que faz com que, muitas vezes, esses recursos não beneficiem a população local dos municípios minerados e nem sirvam como compensação pelos danos gerados pela atividade mineradora. Por isso, resgatar o Projeto de Lei do Senado (PLS) 254/2013 é de extrema importância. Ele prevê a destinação de 50% do arrecadado com a compensação às áreas de educação e saúde, sendo 37,5% para a educação pública e 12,5% para saúde pública, a serem acrescidos aos mínimos constitucionais já determinados para essas áreas;

IV – Criação de entidade submunicipal, municipal e estadual que fiscalize e monitore os gastos dos recursos gerados pela CFEM. O processo de regulação dos recursos gerados pela CFEM deve contar com atuação de entidades fiscalizadoras. Estas entidades averiguarão o destino dos recursos provindos da CFEM;

V – Prever participação especial nas minas com grande lucro. Em casos de minas com vantagens comparativas extraordinárias no mercado internacional, como é o caso do Complexo de Carajás, haverá acréscimo no percentual de CFEM.

Ainda, tendo em vista os problemas criados pela dependência frente à mineração, devem ser tomadas as devidas providências para garantir o cumprimento do § 6°, tal como disposto na Lei n. 13.540, de 18 de dezembro de 2017. A lei diz que "pelo menos 20% (vinte por cento)" dos recursos da CFEM destinados ao Distrito Federal, aos Estados e aos municípios, onde ocorrer a produção, deve ser direcionado "para atividades relativas à diversificação econômica, ao desenvolvimento mineral sustentável e ao desenvolvimento científico e tecnológico". Dessa forma, para se cumprir o instaurado por lei, exigimos a criação de Fundo e estrutura para arrecadação do referido recurso e que se inicie o planejamento para a diversificação econômica e o desenvolvimento científico e tecnológico dos municípios e estados afetados pela mineração e sua infraestrutura conexa. Alguns mecanismos institucionais de incentivo à diversificação econômica popular em municípios minerados são: criação de Fundo Social de Diversificação Produtiva dos Municípios Minerados; criação de linhas de crédito específicas para regiões mineradas; incentivos fiscais; mecanismo de transferência de renda da mineração para outras atividades; regime tributário diferenciado e isenções tributárias. O tempo de mineração é uma variável importante a ser considerada, pois existem diferentes possibilidades e condições para regiões antes da instalação de mineradoras, durante as atividades de extração e após a finalização da atividade mineradora no local. Por isso, a urgência da diversificação econômica ocorrer em municípios onde se encontram minas em fase de exaustão.

6) ANULAÇÃO DA LEI KANDIR

A Lei Complementar n. 87, de setembro de 1996, ou Lei Kandir, isenta de Imposto sobre a Circulação de Mercadorias e Serviços (ICMS) os serviços e os bens primários, manufaturados e semimanufaturados destinados à exportação. O ICMS é um imposto de arrecadação fundamentalmente estadual, o que é grave devido à crise fiscal dos estados. Além disso, não diferencia produtos industrializados de bens primários, reforçando o processo de reprimarização das exportações e desindustrialização. A lei Kandir deve ser revogada.

7) PARA O ÂMBITO DO TRABALHO, PROPOMOS AS SEGUINTES MEDIDAS:

I – Revogação da reforma trabalhista que aprova a terceirização de postos de trabalho compreendidos como atividade-fim. A terceirização eleva o risco de acidentes num setor bastante sensível a acidentes de trabalho, como o é a mineração;

II – Definir responsabilidades da Agência Nacional de Mineração nas condições de saúde e segurança, no acompanhamento do Plano de Gestão de Riscos, conforme previsto na NR 22;

III – Prever recursos da empresa para plano de descomissionamento e recuperação ambiental, aprovado pelos trabalhadores e comunidades afetadas. Para tanto, está inclusa nesta proposta a previsão de recursos de diferentes fontes para a execução do plano de fechamento de mina e/ou para o caso de desastres: os Fundos municipais, estaduais e federal, acima citados; seguro; carta de crédito; garantia por terceiros etc.

POR UMA MINERAÇÃO ALTERNATIVA E ALTERNATIVAS À MINERAÇÃO

A MINERAÇÃO NO BRASIL É UM CAMPO ABERTO PARA A COMPREENSÃO da população. Por muito tempo, não percebemos que se trata de um dos principais países do mundo em termos de extração mineral e que tal fato gera consequências, que passaram muito tempo sendo escondidas até a Samarco e a Vale as escancararem.

Tendo em vista os processos de desindustrialização e da reprimarização das exportações, a estabilidade com lento crescimento dos preços dos minerais no mercado internacional, e, principalmente, as medidas do governo Bolsonaro, a tendência é que o setor volte a se expandir, de maneira violenta, ocupando territórios e transformando decisivamente o meio ambiente. Devido à forma pela qual é organizada a atividade, que foi analisada ao longo do livro, sua expansão causa preocupação. Apesar disso, muito já foi feito para a construção de um novo modelo de mineração. Movimentos sociais e organizações críticas à forma pela qual a atividade é organizada construíram bases importantes para a luta que irá se desenrolar nos próximos anos, buscando criar alternativas e impedir o avanço das violações. Entretanto, há muito que se fazer, e tecer esse debate pelo país é uma das tarefas nas quais esperamos colaborar com este livro.

A criatividade e as iniciativas locais são a base para uma resistência efetiva à mineração e para a consecução de alternativas. Ao mesmo tempo, para o sucesso das iniciativas locais é preciso que estejam articuladas a processos de escala nacional e global tendo em vista que alternativas locais tendem a ficar isoladas. O desafio é articular, criar e desenvolver uma alternativa local e imediata nas regiões mineradas com saídas sistêmicas de longo prazo.

As iniciativas por parte do aparato estatal e de suas várias instâncias são fundamentais para saídas locais bem sucedidas. As isenções compensatórias, incentivos de toda espécie, apoio técnico e financiamentos podem fazer a diferença. No entanto, não é o mais crucial dos fatores. Os elementos centrais na formulação de alternativas são a mobilização e a iniciativa popular.

A série de rompimentos de barragens de rejeitos de mineração é sintoma de uma estrutura violadora de direitos, injusta e extremamente violenta. Compreender a mineração e seus efeitos, e as formas de organizá-la, é uma necessidade não apenas dos povos das regiões mineradas, mas de toda a sociedade, incluindo os moradores das grandes cidades que usufruem das mercadorias produzidas e dependem do abastecimento hídrico garantido por rios e bacias hidrográficas que sistematicamente são destruídos pela atividade mineradora. Resumindo, é impossível não ser afetado pelo problema mineral brasileiro.

Para o poeta José Miguel Wisnik (2018), em Minas, a modernidade se manifestou no encontro entre a ausência e a catástrofe. Ali se encontraram os fantasmas da riqueza subterrânea infinita e da modernidade capitalista do progresso, encontro que deixa rancor por gerações. Partindo do sentimento ancestral da mineração do ouro e da decadência imposta pelo fim do ciclo econômico, no abismar-se das serras, nos pulmões de pedra e nos mares de lama, prima o sentimento da derrota intuída. Se as possibilidades perdidas assombram a realidade, ainda temos potencialidades. Em referência ao ciclone Idai, que devastou parte de Moçambique, e em particular sua cidade natal, a cidade de Beira, Mia Couto disse que "agora que aconteceu o ciclone, percebi como isso tudo que era um chão que parecia estável, que parecia definitivo, de repente pode fazer-se frágil. Entrei em pânico, porque pensei que tinha perdido meu lugar de infância, mas quando visitei a Beira, percebi que uma cidade é feita, sobretudo, de pessoas. E as pessoas estavam ali, lutando, reconstruindo as casas e ainda com capacidade de contar histórias. Ali eu percebi que não, não acabou" (Oliveira, 2019). Minas está em silêncio, mas não acabou, pois como nos lembrou Guimarães Rosa, "um menino nasceu – o mundo tornou a começar".

NOTAS

[1] *Commodity* é o nome dado a matérias-primas que são comercializadas no mercado internacional, seguindo determinados padrões e normas de comercialização.

[2] Os títulos *subprime* eram empréstimos concedidos a clientes com interesse no setor imobiliário e que não tinham boa avaliação de crédito nos EUA. A alta inadimplência dos tomadores de empréstimo *subprime* gerou um efeito cascata que se espalhou pelo sistema financeiro levando à crise do *subprime* em 2008.

[3] Para uma tipologia extensa dos impactos da mineração, ver Coelho, 2015.

[4] Partículas entre 10 μm e 1 μm são definidas como ultrafinas. O micrômetro (μm) é uma unidade de comprimento do Sistema Internacional de Unidades correspondente a 1 milionésimo de metro e equivalente à milésima parte do milímetro.

[5] Devemos boa parte das reflexões expostas nesse capítulo ao trabalho feito no âmbito do Projeto Brasil Popular, iniciativa que busca criar um projeto de nação ligado aos interesses e demandas do povo brasileiro. Para mais informações, ver: https://projetobrasilpopular.org/

[6] O livro *Diferentes formas de dizer não* detalha diferentes experiências de áreas livres de mineração no mundo (Malerba, 2014).

PARA SABER MAIS

Esta seção tem o objetivo de auxiliar o leitor iniciante no debate sobre a mineração no Brasil. Por isso, destacamos algumas obras que são basilares nessa discussão. Devido ao limite de espaço para o destaque desses estudos, certamente ocorreram injustiças com obras que mereceriam ser aqui ressaltadas. Pedimos desculpas pelas omissões.

Mineração: maldição ou dádiva? Os dilemas do desenvolvimento sustentável a partir de uma base mineira
Maria Amélia Enríquez
Signus Editora: São Paulo, 2008.
Esse livro da economista Maria Amélia Enríquez é o resultado de sua tese de doutorado acerca dos dilemas do desenvolvimento em regiões mineração. Partindo da clássica dicotomia acerca de regiões de mineração, maldição ou dádiva, ela se aprofunda na análise dos efeitos gerados pela arrecadação de CFEM

nos quinze maiores municípios mineradores do Brasil. Um importante estudo sobre a questão do desenvolvimento econômico na mineração.

Dicionário crítico da mineração
CAROLINE GOMIDE, TÁDZIO COELHO, CHARLES TROCATE, BRUNO MILANEZ, LUIZ JARDIM.
Marabá: Editorial Iguana, 2018.

Em parceria com o MAM, pesquisadores de várias universidades do Brasil coordenaram e escreveram o *Dicionário Crítico da Mineração* com o objetivo de facilitar o acesso de populações das regiões mineradas e interessados no tema a termos específicos da mineração que dificultam a compreensão da atividade e seus efeitos. Para tanto, o dicionário define os principais verbetes na discussão sobre mineração no Brasil, tornando-se uma importante ferramenta na luta dos povos por outras formas de se organizar a atividade.

Mina de Morro Velho: a extração do homem
YONNE DE SOUZA GROSSI
Paz e Terra: Rio de Janeiro, 1981.

Yonne Grossi estudou em sua tese de doutorado as condições históricas de trabalho em uma das maiores e mais antigas minas brasileiras, a mina de Morro Velho. Analisando as relações de classe e a formação da classe operária nos túneis de Morro Velho, Grossi oferece um dos principais estudos acerca da mineração no Brasil durante o século XIX e primeira metade do XX. Ela contribui, portanto, para a compreensão da formação de uma das primeiras iniciativas de trabalhadores mineiros organizados no país, além de contemplar as continuidades e transformações entre as diferentes etapas da mineração sob a escravidão e a mineração após a abolição da escravatura.

Extractivismos: ecologias, economia y política de un modo de entender el desarrollo y a la naturaleza
Eduardo Gudynas
CEDIB: Cochabamba, 2015.
Um dos principais pesquisadores latino-americanos quando se trata de mineração e neoextrativismo. Neste livro, Gudynas interpreta as diferentes gerações de extrativismos ao longo da história destacando suas características e diferenças, incluindo o novo extrativismo fortemente automatizado e que atinge as maiores escalas de extração e de impactos. O autor ainda aborda os conceitos de bem viver, bem comum e justiça social buscando colaborar para a construção de alternativas aos extrativismos.

The remaking of the mining industry
David Humphreys
Hampshire: Palgrave Macmillan. 2015.
David Humphreys trabalhou em diversas mineradoras como diretor e consultor, e neste livro ele traz o panorama da mineração nas últimas décadas com reflexões acerca do *boom* das *commodities* e das empresas do setor e suas diferentes estratégias de mercado. A partir do olhar de pesquisador e de quem participou

da dinâmica dos últimos anos do setor, Humphreys produziu essa importante contribuição para a compreensão do mercado de mineração em escala global.

Diferentes formas de dizer não – experiências internacionais de resistência, restrição e proibição ao extrativismo mineral
JULIANNA MALERBA (ORG).
Ed: Fase, 2014.

O livro organizado por Julianna Malerba traz um importante levantamento e aprofundamento de casos pelo mundo nos quais as populações recusaram a instalação da atividade mineradora das mais diversas formas e estratégias. Com isso, contribui para a reflexão e construção de maneiras de resistir à mineração de extração de larga escala, e questioná-la.

Minas não há mais: Avaliação dos aspectos econômicos e institucionais do desastre da Vale na bacia do rio Paraopeba
BRUNO MILANEZ, LUCAS MAGNO, RODRIGO SANTOS, TÁDZIO COELHO, RAQUEL PINTO, LUIZ WANDERLEY, MAÍRA MANSUR, RICARDO GONÇALVES.
Versos – Textos para Discussão PoEMAS, 3(1), 2019

Em decorrência do rompimento da Barragem I, na mina Córrego do Feijão, em Brumadinho (MG), o grupo de pesquisa e extensão Política, Economia, Mineração, Ambiente e Sociedade (PoEMAS) se mobilizou para organizar um estudo acerca do rompimento. Os dados obtidos pelo estudo sobre o planejamento da expansão do Complexo Paraopeba II indicaram que ele se encontrava próximo ao seu esgotamento e que a Vale vinha tentando ampliar marginalmente sua vida útil, o que necessitaria de uma gestão rigorosa de custos para garantir sua viabilidade econômica.

De ferro e flexíveis: marcas do estado empresário e da privatização na subjetividade operária
Maria Cecília de Souza Minayo
Garamond: Rio de Janeiro, 2004.

Um dos mais extensos e profundos estudos sobre mineração no Brasil. O livro de Minayo aborda as diferentes etapas históricas da transição entre a Companhia Vale do Rio Doce (CVRD) até a Vale S.A., sob o prisma dos trabalhadores da empresa. Além disso, ele também demonstra como as transformações produtivas e comerciais da empresa afetaram a subjetividade dos trabalhadores. Minayo perpassa a difícil formação da empresa, nos anos 1940, quando o trabalho era basicamente manual, até a privatização da Vale, que resultou na flexibilização do processo produtivo e das formas de contratação de trabalhadores.

Mineração na América do Sul: neoextrativismo e lutas territoriais
Andréa Zhouri, Paula Bolados, Edna Castro (Orgs)
São Paulo: Annablume, 2016.

Este livro, resultado do "I Seminário Internacional Mineração na América do Sul: neoextrativismo e lutas territoriais", traz importantes contribuições de pesquisadores do tema discutindo a trajetória econômica das duas últimas décadas nos países sul-americanos e seus efeitos territoriais em regiões de mineração.

Antes fosse mais leve a carga: reflexões sobre o desastre da Samarco / Vale / BHP Billiton

Márcio Zonta, Charles Trocate (Orgs.)

Marabá: Editorial Iguana, 2016.

Nesta publicação, segundo livro da coleção da Questão Mineral no Brasil, organizado pelo Editorial Iguana, o grupo de pesquisa e extensão Política, Economia, Mineração, Ambiente e Sociedade (PoEMAS) analisa o contexto operacional/institucional no qual a Samarco Mineração S.A. (*joint venture* da Vale S.A. e da BHP Billiton) atuava e algumas das possíveis causas e consequências do rompimento da barragem do Fundão. O argumento central é de que, no contexto de pós-*boom*, com forte queda dos preços dos minerais (por exemplo, minério de ferro) nos mercados internacionais, as empresas de mineração apresentam estratégia de redução de custos, mesmo que isto envolva um risco maior de falhas nas estruturas de disposição de rejeitos. Uma importante contribuição para a compreensão dos desastres estruturais envolvendo rompimentos de barragens de mineração.

REFERÊNCIAS

ANDRADE, Carlos Drummond. *Nova reunião.* Rio de Janeiro: José Olympio, 1987, v. 1.

ANM. Maiores arrecadadores. Disponível em: < https://sistemas.dnpm.gov.br/arrecadacao/extra/Relatorios/cfem/maiores_arrecadadores.aspx > acesso em 15 de abril de 2019.

AUTY, Richard. *Sustaining Development in Mineral Economies:* the resource curse thesis. Londres: Routledge, 1993.

APEX BRASIL. A internacionalização da economia chinesa: a dimensão do investimento direto. *Análise Apex Brasil: Conjuntura & Estratégia.* Janeiro de 2012.

ARRIGHI, Giovanni. *Adam Smith in Beijing:* lineages of the twenty-first century. Londres: Verso, 2007.

CAMPELO, Lilian. Entenda como a mobilização popular barrou o mineroduto da Ferrous em Minas Gerais. *Brasil de Fato.* 20 mai. 2019. Disponível em: https://www.brasil-defato.com.br/2018/05/20/como-foi-a-luta-das-cidades--da-zona-mineira-para-barrar-o-mineroduto-da--ferrous/

CARDOSO, Alessandra. A escassez de verba também explica Brumadinho. *Nexo Jornal.* 2 fev. 2019. Disponível em: https://www.nexojornal.com.br/ensaio/2019/A-

--escassez-de-verba-de-fiscaliza%C3%A7%C3%A3o-
-tamb%C3%A9m-explica-Brumadinho

_____. *Amazônia:* paraíso extrativista e tributário das transnacionais da mineração. 2015. Disponível em: http://amazonia.inesc.org.br/artigos-inesc/amazonia-paraiso-ex-trativista-e-tributario-das-transnacionais-da-mineracao/

COELHO, Tádzio Peters. Minério-dependência e alternativas em economias locais. *Versos – Textos para Discussão PoEMAS*, vol. 1, n. 3, p . 1-8, 2017.

_____. *Projeto Grande Carajás:* trinta anos de desenvolvimento frustrado. Marabá: Iguana, 2015.

DAVIES, James. *Personal Wealth from a Global Perspective.* 2008. Disponível em: https://econpapers.repec.org/bookchap/oxpobooks/9780199548897.htm

DAVIS, Graham A. & TILTON John E. *Should developing countries renounce mining?* A perspective on the debate. [s.n], 2002.

DAVIS, Graham A. Learning to love the Dutch disease: evidence from the mineral economies. *World Development.* Canada: Elsevier, vol.23, p. 1.765 - 1.779, 1995.

DAVIS, Graham A. The mineral sector, sectoral analysis, and economic development. *Resources Policy.*UK: Elsevier, v.24, p. 217 – 228, 1998.

DEKKER, Sidney. *The field guide to human error investigations.* Routledge, 2014.

DOWBOR, Ladislau. *A era do capital improdutivo.* São Paulo: Autonomia Literária, 2017.

FATTORELLI, Maria Lucia. *Auditoria Cidadã da Dívida Pública:* experiências e métodos. Inove Editora: Brasília, 2013.

FERNANDES, Francisco; ALAMINO, Renata; ARAÚJO, Eliane (Eds.). *Recursos minerais e comunidade:* impactos humanos, socioambientais e econômicos. Rio de Janeiro: CETEM/MCTI, 2014.

FRANK, Andre Gunder. The Development of Underdevelopment. *In:* CHEW, Sing; LAUDERDALE, Pat. *Theory and Methodology of world development:* the writings of Andre Gunder Frank. Nova York: PalgraveMacmillan, 2010.

GELB, Alan. *Oil Windfalls:* blessing or curse? Nova York: Oxford University Press, 1988. Disponível em: < http://www--wds.worldbank.org/servlet/WDSContentServer/WDSP/IB/2003/12/23/000012009_20031223161007/Rendered/PDF/296570paper.pdf > acesso em 25 de abril de 2019.

GOMIDE, Caroline; COELHO, Tádzio; TROCATE, Charles; MILANEZ, Bruno; JARDIM, Luiz. *Dicionário Crítico da Mineração.* Marabá: Editorial iguana, 2018.

GROSSI, Yonne de Souza. *Mina de Morro Velho:* a extração do homem. Paz e Terra: Rio de Janeiro, 1981.

GUDYNAS, Eduardo. *Extractivismos:* ecologias, economia y política de un modo de entender el desarrollo y a la naturaleza. CEDIB: Cochabamba, 2015.

HACKBARDT, Geanini. "Eles sabiam do risco e deram preço para as mortes", denuncia promotor. *Brasil de Fato.* 25 abr. 2019. Disponível em: https://www.brasildefato.com.br/2019/04/25/eles-sabiam-do-risco-e-deram-preco-para--as-mortes-denuncia-promotor/

HARTMANN, Dominik et al. Structural constraints of income inequality in Latin America. *Integration & Trade Journal*, v. 40, junho de 2016.

HENDERSON, John; DICKEN, Paul; HESS, Michael. Redes de produção globais e a análise do desenvolvimento econômico. *Revista Pós Ciências Sociais*, v. 9, n. 15, 2011, p. 143-140.

HUMPHREYS, David. *The remaking of the mining industry.* Hampshire: Palgrave Macmillan. 2015.

INVESTING.COM BRASIL. Vale e siderúrgicas avançam com alta do preço do minério de ferro na China. *Money Times.* 10 jun. 2019. Disponível em: https://moneytimes.com.br/vale-esiderurgicas-avancam-com-alta-do-preco-do-mi--nerio-de-ferro-na-china/. Acesso em: jun. de 2019.

LATINDADD – Red Latinoamericana sobre Deuda, Desarrollo y Derechos. Mensuração da Fuga de Capitais do Setor Mineral no Brasil. 2019. Disponível em: http://ijf.org.br/wp-content/uploads/2017/07/PORT_Extracci%-C3%B-3ndeRecrusosenBrasil.pdf

LEI.A. 2/3 das barragens do Brasil com riscos de instabilidade estão em Minas Gerais. 2019. Disponível em: http:// blog.leia.org.br/23-das-barragens-do-brasil-com-riscos--de-instabilidade-estao-em-minas-gerais/

LEWIS, Stephen. Primary Exporting Countries. *In:* CHERY, H; SRINIVASAN, T. *Handbook of Development Economics.* Vol. II, Elsevier: 1989.

LIBBY, Douglas. *Trabalho escravo e capital estrangeiro no Brasil:* o caso da Morro Velho. Belo Horizonte: Editora Itatiaia, 1985.

MALERBA, Juliana. *Diferentes formas de dizer não:* Experiências de resistência, restrição e proibição ao extrativismo mineral. Fase: Rio de Janeiro, 2014.

MARINI, R. M. Dialética da dependência. *In:* TRASPADINI, Roberta; STÉDILE, João Pedro. *Ruy Mauro Marini:* Vida e obra. São Paulo: Expressão Popular, 2005.

McKinsey Global Institute. *Reverse the curse:* Maximizing the potential of resource-driven economies. 2013. Disponível em: https://www.mckinsey.com/industries/metals--and-mining/our-insights/reverse-the-curse-maximizing--the-potential-of-resource-driven-economies

MILANEZ, Bruno. *Boom* ou bolha? A influência do mercado financeiro sobre o preço do minério de ferro no período 2000-2016. *Versos* – Textos para Discussão PoEMAS, v. 1, p. 1-18, 2017.

MILANEZ, Bruno; MAGNO, Lucas; SANTOS, Rodrigo; COELHO, Tádzio; PINTO, Raquel; WANDERLEY, Luiz; MANSUR, Maíra; GONÇALVES, Ricardo. A Estratégia Corporativa da Vale S.A.: um modelo analítico para Redes Globais Extrativas. *Versos – Textos para Discussão PoEMAS*, 2(2), 2018.

MILANEZ, Bruno; MAGNO, Lucas; SANTOS, Rodrigo; COELHO, Tádzio; PINTO, Raquel; WANDERLEY, Luiz; MANSUR, Maíra; GONÇALVES, Ricardo. Minas não há mais: Avaliação dos aspectos econômicos e institucionais do desastre da Vale na bacia do rio Paraopeba. *Versos – Textos para Discussão PoEMAS*, 3(1), 2019.

MINAYO, M. C. S. *De ferro e flexíveis:* marcas do Estado empresário e da privatização na subjetividade operária. Rio de Janeiro: Garamond: 2004.

OCMAL. Brasil: conflictos provocados por la minería. 2019. Disponível em: https://www.researchgate.net/publication/333486364_Brasil_conflictos_provocados_por_la_mineria

OLIVEIRA, Joana. Mia Couto: "Doeu ver como África e Moçambique ficaram tão distantes do Brasil". *El País.* 2 mai. 2019. Disponível em: https://brasil.elpais.com/brasil/2019/04/18/cultura/1555598858_754829.html?-fb- clid=IwAR1ITTmTTT76uAzd9hMAuPZP_T2PsER3O-dO0SP- 3C-OKplGbpGqpBA9PYZz0#?id_externo_nwl=newslet- ter_brasil_diaria20190503

ONU. *World Economic Situation and Prospects 2017.* Nova York, 2017. Disponível em: https://www.un.org/development/desa/publications/world-economic-situation-and-prospects-wesp-2017.html

OXFAM. *Uma economia para os 99%.* 2017. Disponível em: https://www.oxfam.org.br/publicacoes/uma-economia--para-os-99

PEGG, Scott, Mining and poverty reduction: transforming rhetoric into reality. *Journal of Cleaner Production*, USA: Elsevier, v. 14, p. 376-387, 2006.

PIKETTY, Thomas; SAENZ, Emmanuel; ZUCMAN, Gabriel. *Economic Growth in the United States:* a tale of two countries. 6 dez. 2016. Disponível em: https://equitablegrowth.org/economic-growth-in-the-united-states-a-tale-of-two-countries/

PREBISCH, Raúl. *O Manifesto Latino-Americano e outros ensaios.* Rio de Janeiro: Contraponto/Centro Celso Furtado, 2011.

RADETZKI, Marian. Regional development benefits of mineral projects. *Resources Policy*, UK: Elsevier, vol. 8, n. 3, p. 193 - 200, 1982.

ROSA, Guimarães. *Sagarana*. Rio de Janeiro: José Olympio, 1967.

RULFO, Juan. *Pedro Páramo*. Rio de Janeiro: BestBolso, 2008.

SAINT-HILAIRE, Auguste. *Viagem Pelas Províncias do Rio de Janeiro e Minas Gerais*. Belo Horizonte: Editora Itatiaia, 2000.

SANT'ANA JÚNIOR, Horácio; ALVES, Elio de J. P. "Mina-ferrovia-Porto: no 'fim de linha', uma cidade em questão". *In:* Zhouri, Andréa; Oliveira, R. (Org.). *Mineração:* violências e resistências: um campo aberto à produção de conhecimento no Brasil. Marabá: Editora iGuana. 2018.

SANTOS, R. S. P.; MILANEZ, B. Redes Globais de Produção (RGPs) e conflito socioambiental: a Vale S.A. e o complexo minerário de Itabira. *In:* VII Simpósio Internacional de Geografia Agrária, 2015, Goiânia. Anais do VII Simpósio Internacional de Geografia Agrária, 2015.

SANTOS, Theotônio dos. A Estrutura da Dependência. *Revista Soc. Bras. Economia Política*, São Paulo, n. 30, outubro, 2011.

_____. *Teoria da depend*ência – balanço e perspectivas. Ed. Insular: Florianópolis, 2015.

SEABRA, Joana; BRITO, Julian; COELHO, Tádzio. Crises, Alternativas e as Perspectivas do Marxismo Ecológico: entrevista com o professor Elmar Altvater. *Revista Intratextos*, v. 4, p. 312-326, 2012.

STIJNS, Jean-Philippe.Natural resource abundance and human capital accumulation. *In: World Development.* Canadá: Elsevier, vol. 34, n .6, p.1060-1083, 2006.

THE ECONOMIST. 2009. A special report on the future of finance. 24 jan. 2009. Disponível em: http://www.eco-nomia.puc-rio.br/mgarcia/Seminario/Seminario_tex-tos/A%20spe-cial%20report%20on%20the%20futu- re%20of%20finance.pdf

VARGAS, Alejandro Alvarez. *Chuquicamata por los años 40*. Anto-fagasta: Odisea, 2002.

VERA e RIQUELME. *Los Mártires de Tarapacá*: 21 de diciembre de 1907. Campus Ediciones: Iquique, 2007. Disponível em: http://memorianortina.cl/testimonio-de-vera-y-ri-quelme/

WANDERLEY, Luiz Jardim. Do *Boom* ao Pós-*Boom* das *commodities*: o comportamento do setor mineral no Brasil. *Versos – Textos para Discussão PoEMAS*, vol. 1, n. 1, p. 1-7, 2017.

WEIMANN, Guilherme. "O problema vai ser quando vier o silêncio", afirma atingido de Brumadinho (MG). *Brasil de Fato*. 8 fev. 2019. Disponível em: https:// www.brasildefato.com.br/2019/02/08/o-problema-e--quando-vier-o-silencio-afirma-atingido-de-bru-madinho-mg/

WIOD – World Input-Output Database. 2013. Disponível em: http://www.wiod.org/home

WISNIK, José Miguel. *Maquinação do Mundo:* Drummond e a mi-neração. São Paulo: Cia das Letras, 2018.

ZENHA, Lucas. Territórios Extrativo-Mineral na Bahia: Violações de Direitos e Conflitos nos Territórios Terra-Abrigo. Tese de Douto-rado. Salvador: Instituto de Geociências, Universidade Federal da Bahia. 2019.

ZONTA, M.; TROCATE, C. (Orgs.) *Antes fosse mais leve a carga:* re-flexões sobre o desastre da Samarco/Vale/BHP Billiton. Marabá: Editorial Iguana, 2016.

SOBRE OS AUTORES

CHARLES TROCATE é escritor, filósofo e educador popular, integra a coordenação nacional do Movimento pela Soberania Popular na Mineração (MAM). É um dos organizadores da coleção "A questão mineral no Brasil" pela Editorial Iguana. É membro da Academia de Letras do sul e sudeste do Pará-ALSSP, e autor de vários livros de poesia, entres eles, *Ato Primavera*, Editora Expressão Popular, 2007. Em 2017, publicou *Quando as armas falam, as musas calam?* no qual faz um balanço das lutas populares amazônicas em seu itinerário de enfrentamentos à espacialização dos capitais destrutivos sobre a região.

TÁDZIO PETERS COELHO é professor do Departamento de Ciências Sociais (DCS) da Universidade Federal de Viçosa (UFV) e pesquisador do grupo de pesquisa e extensão Política, Economia, Mineração, Ambiente e Sociedade (PoEMAS). Também é membro do Grupo de Trabalho Fronteras, Regionalización y Globalización en América do Conselho Latino-americano de Ciências Sociais (CLACSO) e professor colaborador da Escola Nacional Florestan Fernandes (ENFF). Doutorou-se em Ciências Sociais pela Universidade do Estado do Rio de Janeiro (UERJ) e escreveu o livro *Projeto Grande Carajás: trinta anos de desenvolvimento frustrado* (Rio de Janeiro: Ibase, 2014).

Ê

Coleção Emergências

Quando vier o silêncio – o problema
mineral brasileiro

EDIÇÃO
Jorge Pereira Filho
Miguel Yoshida

COPIDESQUE
Lia Urbini

ILUSTRAÇÃO
Cesar Habert Paciornik

PROJETO GRÁFICO
Estúdio Bogari

DIAGRAMAÇÃO E CAPA
Zap Design

IMPRESSÃO
GráficaPaym

Sobre o livro
Formato: 120 x 180 mm
Mancha: 85 x 145 mm
Tipologia: Frutiger LT Std 10/14
Papel: Polen soft 80 g/m²
Cartão 250g/m² (capa)
1ª edição: 2020